青土社

科学者と魔法使いの弟子

科学と非科学の境界

中尾麻伊香

科学者と魔法使いの弟子　目次

夢と魔法の境界に
どうやら踏み込んだようだ。
一体私たちは進んでいるのか、
堂々めぐりをしているのか。

――ゲーテ『ファウスト』「ヴァルプルギスの夜」

科学者と魔法使いの弟子——科学と非科学の境界

はじめに――科学者と魔法使いの弟子

詩人ゲーテが一七九七年に発表した「魔法使いの弟子（*Der Zauberlehrling*）」という物語詩がある(1)。

魔法使いの師匠が出かけている際に、その弟子が師匠のまねをして箒に水汲みをさせようと呪文を唱える。魔法使いの弟子は箒に水汲みをさせることに見事成功するが、水汲みを終わらせる魔法の呪文を覚えていなかった。

止まれ。止まれ。

だってもう
お前の力は十分にわかったから。
ああ、しまった。あー大変だ。あー大変だ。
自分としたことがあの止める魔法の言葉のことを忘れていたとは。
えい何と言うのだろう、あの魔法の言葉は、あいつを最後に
もとに戻す魔法の言葉は(2)。

師匠のように魔法を使えると思った弟子は、まだまだ修行が足りない見習いで、箒に水汲みをさせることまではできるが、それを止めることはできない。あたりは水浸しになり、困り果てた魔法使いの弟子のもとに、師匠が戻ってくる。熟練の師匠と見習い修行中の弟子。人間とそれに従わない箒。この物語詩は、時代とともに、専門家論や技術論などの文脈でさまざまに解釈され、ひとびとはそこから教訓を導き出してきた(3)。魔法は説明しがたい力によって成り立つ超自然的なもので、魔法使いはその力を有するものであると考えられるが、しばし

ば魔法の現代版とされるのが、科学技術である。超自然的な魔法に対して、科学技術は合理的に説明可能なはずのものである。しかし高度に発達した科学技術は、もはや人間の理解を超え、その原理を説明することも把握することも難しい。科学技術によって魔法のようなことが現実になった現代において、科学技術は私たちにとって魔法のような存在になった。一度作られた科学技術のシステムは、それ自体が自律性を持ち、人間は科学技術に隷属する存在となる。その複雑な製造工程すべてを理解できている人間がおらず、一度事故を起こせば制御不能となり、放射性物質を撒き散らし続ける原子炉は、魔法化した科学技術の象徴といえる。

「魔法使いの弟子」を現代の科学者におきかえてみようというのが本書の試みである。科学者という言葉と職能集団が誕生したのは一九世紀半ばというごく最近のことである(4)。しかしそれからわずかのうちに科学者はその数を増やし、社会に対する影響力を増大させた。対して魔法は長い歴史を持つが、魔法使いは今や絶滅危惧種となり、表舞台からほとんど姿を消した。二〇世紀の魔法使い、あるいは魔術師として知られるアレイスター・クロウリーは、意志に従って変化を引き起こす科学技術を魔法だとしている(5)。科学者は魔法使いの継承者なのだろうか。だとしたら、科学者は魔法使いの何を継承して、何を継承しなかったのだろうか。かつて魔法が担っていた役割が科学技術によって取って代わられ、魔法使いの役割を科学者が演じるようになった現代において、科学者は魔法を使いこなしているのだろうか。

本書では、原子力の解放過程において召喚された魔法の言葉（第1章）、「科学者の楽園」で渾然一体となった科学と魔術（第2章）、原子力の世界から疎外されていく物理学者（第3章）、マッド・サイエンティストとしてのノイマン博士（第4章）、人類による恐竜表象の変遷（第5章）、幾度も日本を襲撃するゴジラ（第6章）から、魔法使いの弟子としての科学者を考えてみたい。魔法はどのようにかけられてきたのか？　魔法を解くことはできるのか？　魔法がどのようにかけられてきたかを知ることは、魔法を解く鍵となるかもしれない。

第Ⅰ部
ファウストの末裔
——科学は脱魔術なのか？

メフィストフェレス
さあ契約だ。この地上にある限りの日々、
私の魔術の数々を楽しませて差し上げます。
人間がまだ見ぬものを見るのです。
（ゲーテ『ファウスト』「書斎」一六七二―一六七四）

ファウスト
人類に定められたあらゆるものを
私は自分のうちに味わい尽す。
人類の善も悪もわが心で知り尽くし
人間の仕合わせも悲嘆もわが胸に積み重ね
自分のおのれをそのまま人類のおのれへと拡げ
そして遂には人類の破滅とともに私もまた砕け散るのだ。
（ゲーテ『ファウスト』「書斎」一七七〇―一七七五）

近代化が進み、科学者という職能集団が誕生したのと同時期、ゲーテが生み出したのが戯曲『ファウスト』である（ゲーテはその生涯をかけて『ファウスト』を執筆した。『ファウスト』第一部は一八〇八年に、第二部はゲーテの死の前年である一八三一年に完成した）(1)。錬金術師の息子として生まれ、この世の学問をすべて修めたファウスト博士は、地上の学問では満たされず、悪魔メフィストと契約してさまざまな魔法的力を手に入れる。メフィストに身を委ねたファウストは、若返り、恋愛、造幣、干拓事業などに身を投じていく。

神話的・魔術的な世界と近代的な世界の間を行き来し、欲望のままにさまざまなことを遂げるファウストは、科学者の原型でもある。近代化された世界において、ファウストの末裔はどのように存在してきたのだろうか。

第1章　原子力をめぐる錬金術物語
——想像される科学技術と召喚される魔法の言葉

原子力という魔法

夢と魔法の世界を作り出してきたウォルト・ディズニーは、一九五七年に『わが友原子力（Our Friend the Atom）』という映画を制作している。この映画は、壺からでてきた魔人を原子力に喩え、その解放の歴史、科学的原理、さまざまな用途について解説したものだが、映画の基調となるおとぎ話は千一夜物語の「漁師と魔人」である。「漁師と魔人」は、漁師が釣った魔法の壺から魔人がでてきて三つの願いを叶えてくれるというが、あやうく魔人に殺されそうになった漁師が知恵を働かせて命拾いをしたという物語である。映画は、漁師のように魔人の力である「原子の魔法の火」をどう使うかが大事であると説く。魔人は、兵器、動力、医療、農業といったさまざまな分野で用いられる原子力の表象である。原子の魔人は私たちの三つの願い——一つ目は文明の発展のためのエネルギー＝「魔法の原子の火」、二つ目は食料と病気の治療の研究のための放射線＝「魔法の道具」、三つ目は創造と破壊の力を持つ魔人がずっと友達でいてくれること——を叶えてくれる。原子力をどう使うも私たちに委ねられているというメッセージとともに映画は終わる。

原子力をディズニーの魔法に包んだ『わが友原子力』は、ディズニーがジェネラル・ダイナミクス社とアメリカ海軍の依頼を受けて制作したもので、原子力平和利用のプロパガンダ映画として知られている(1)。一九五七年一月にアメリカのABC放送で、翌年一月には日本テレビでも放映され、視聴者に好評を博した。魔人のメタファーを用いた説明はうまく機能し、原子力に魔法の粉をふりかけたのだった。この映画は、プロパガンダ映画ともいえるが、制作者のウォルト・

ディズニーの価値観を体現した映画でもあった。ディズニーはアメリカの科学技術の信奉者であった。そして魔法はディズニー作品をそれたらしめている要素である。ディズニーが魔法と科学技術を融合させた『わが友原子力』を作るのは、ごく自然なことであった。ここで考えたいのは、ごく自然に結びつく科学技術と魔法の関係である。「十分に発達した科学技術は、魔法と見分けがつかない」というのはSF作家アーサー・クラークの三法則の第三法則として知られるが、科学技術が十分に発達する以前、すなわちその科学技術が生み出される前段階においても、科学と魔法は密接に結びついていた。新しい科学知識や科学技術が生み出されていく途上、それらは科学者たちの脳裏にしばしば魔法と渾然一体となってあらわれた。

想像上の科学技術は往々にして現実の科学技術に先行し、現実を駆動したが、原子力はその一つである。『わが友原子力』は、ジュール・ヴェルヌの『海底二万里』に登場する「魔法の力」で駆動していた潜水艦ノーチラス号の描写にはじまる。この物語が現実のものとなったとして登場するのが、アメリカ海軍が一九五二年に完成させた世界初の原子力潜水艦ノーチラス号である。いうまでもなく、このノーチラス号は『海底二万里』のノーチラス号にちなんで名付けられた。詩人のジョン・キャナディーは、「それが物理的な事実となる前に原子爆弾は文学的作品（fiction）として存在した」と表現している(2)。それは例えばH・G・ウェルズの小説のなかに、あるいは科学者レオ・シラードの頭のなかに存在していた。想像された原子力はただの虚構ではなく、現実世界に影響を与えるものでもあった。そして想像されてきた原子力は、錬金術や魔法の世界と関わりを持っていた。本章では原子力をめぐる想像の歴史から、科学と魔法がどのようにして結びつくかを見ていきたい。

よみがえる錬金術

原爆が広く知れわたるようになってから今日まで続く、原子力が社会変革を促すという説明は、「錬金術物語」と呼ばれることがある(3)。この物語の大部分は、二〇世紀初頭にある科学者によって生み出されたものであった。

錬金術は、物質の変成を目指した技であり、世界を知り、理解し、利用するという人類の試みの記録でもある(4)。エジプトにはじまったとされる錬金術は、アラビア、中世ヨーロッパで発展し、一六世紀から一七世紀にかけて黄金期を迎えるが、この時期は科学革命と呼ばれる時期と重なる。近代科学の立役者の一人として知られるアイザック・ニュートンが錬金術に傾倒していたことからもうかがわれるように、科学と錬金術の境界は曖昧であった。しかし一八世紀、錬金術はいったん「終焉」を迎える。啓蒙主義者たちが理性でもって非科学的な世界を排除しようとしてきた近代以降も、それでも科学では説明できないことが世の中には残存していた。そのようななか、一九世紀末には心霊主義に傾倒した物理学者のウィリアム・クルックスや、世界の終末に関する科学的予言を行うことでノストラダムスの後継者となった天文学者カミーユ・フラマリオンなど、狭義の科学の世界を超えて活動する科学者たちが活躍した。魔術やオカルト科学とされたものは命脈を保ち続け、錬金術は一九世紀末にわかに復活する。歴史家たちは錬金術のテクスト解釈を行い、知の総体としての錬金術の歴史を見直していくが、その流れを促進したのはフランスの化学者マルセラン・ベルテロ（一八二七―一九〇七）であった(5)。二〇世紀初頭、ベルテロの著書を参考にマギル大学で化学史の講義を講じていた化学者がいた。本節の主役となるフレデリック・ソディ（一八七七―一九五六）である。ソディはこれから放射能研究によって錬金術師の夢を実現し、〝現代の錬金術師〟となる。一体どのように錬金術師の夢を達成したのだろうか(6)。

ソディは一八七七年、イングランド東南部に位置するサセックス州イーストボーンで生まれた(7)。その頃、人間は長い期間を経て徐々に進化したとするダーウィンの進化論が、人間は神の創造であるとするキリスト教との間に激しい物議を醸していた。伝道師の一族に生まれながらもトマス・ヘンリー・ハクスリーによる進化論の解説本を読んで無神論者となったソディは、科学の世界に魅せられていった。一〇代の頃から『ケミカル・ニューズ』誌に論文を発表するなどその才能の片鱗をみせ、オックスフォード大学マートンカレッジを首席で卒業したソディは、マギル大学化学科の実験助手の職を得て一九〇〇年にカナダへとわたる。そこで出会ったのが、放射能の性質を解明するための共同実験者を探していた物理学者アーネスト・ラザフォードであった。ラザフォードとソディはほどなく共同研究を開始し、様々な放射能現象を解明していく(8)。

ソディは当初、化学は錬金術とは切り離された営みであると考えていた。一九〇一年三月に行われたラザフォードとの公開討議の場では、原子は堅固な存在でありこれまで変成したことがないとして、錬金術の時代を化学の時代の発展の一時期と見なすことは不可能であると述べている。しかしそのおよそ半年後にその考えを一八〇度転換することになる。一九〇一年一〇月頃に開催された公開講義では、「錬金術は化学という自然科学の真の始まり」であるとしたのである。この間ソディに何が起こったのだろうか。

この間ソディはマギル大学で化学史の講義「最初期からの化学の歴史」を担当していた。この講義は古代エジプトのケミ(*Chemi*)、並びにアラビアのアルキミア(*Al-Kimiya*)の説明にはじまった。この講義をもとにしてソディは「錬金術と化学」という草稿を執筆したが、これはマルセラン・ベルテロの『錬金術の起源(Les Origines de l'Alchimie)』に依拠したものであった。同時にソディはガス分析法の講義を担当していた。この二つの講義は、ソディが放射能現象を解釈する上で重要な意味を持つことになる。ソディは一〇月頃にラザフォードとの共同研究を開始すると、ラザフォードがトリウムそのものの性質であると考えていたトリウムから発生されるエマネーション(気体)は、トリウムが壊変してアルゴンガスに変化したものであると気づく。ソディは、錬金術師たちが目指していた変成が自然界において生じていたことを確信し、「これは原子の変成だ」と口走る。本人が後年語ったところによれば、化学者としてのソディの心は常に変成にとらわれていた。変成(transmutation)という言葉は錬金術の用語であったが、ソディは錬金術の発想によってトリウムが自発的に変成しているという考えを思いつくのである。

ラザフォードとソディは彼らの共同研究の成果として一九〇三年に発表した論文「放射性変化(*Radioactive Change*)」で、放射性元素の内部では絶え間ない原子の崩壊が行われており、それによってある化学元素から別の化学元素へと変化しているという理論を発表した。さらに彼らはこの論文で、「原子内に潜んでいるエネルギーは普通の化学変化の際遊離するエネルギーに比較して、莫大なものであるに違いない」として、このように考えれば太陽エネルギーの持続についても説明できるとした。

ソディの錬金術、あるいは放射性元素をめぐる研究は、一九〇三年にマギル大学との契約期間を終えてイギリスに戻ってからも続いた。ソディはロンドンでウィリアム・ラムゼーと共同研究をはじめ、スペクトル分析を用いてラジウムからヘリウムを生じさせる実験に成功する。これはラジウムの崩壊によって生成したアルファ粒子がヘリウムの原子核であったことに起因するが、ひとつの化学元素がほかの元素へと変わったことをはじめて実験的に証明するものであった。すなわち彼らは、錬金術師の目指した物質の変成を成し遂げたのである。

放射能研究の進展によって、それまでの物質観や生命観が大きく揺さぶられていた。長い時間をかけて放射能を発散しながらその性質を変化させていく放射性元素は、物質は不変のものであるという認識に挑戦するもので、物質が生きている、あるいは進化しているという考えを呼び起こした。一九〇四年に『ロンドン・レビュー』は、「全ての自然は今や生きている！」と宣言し、『ハーパース』は、「[ラジウムは] 原子進化の真実を証明した」と書き立てた。そうした物質観の変容において科学者たちが果たした役割は放射能現象を解明したということだけではない。例えばラザフォードとソディは、放射能現象に「半減期（half life）」や「平均寿命（average life）」と名づけ、さらには「半分生きている元素（half-living elements）」、「メタボロン（metaboron）」、「親元素（parents elements）」、「娘元素（daughter elements）」などと、放射性元素が生きているかのような命名を行った。そのような命名の背景には、錬金術の発想を見て取ることができる(9)。錬金術の発想を用い、放射性元素が〝生きている〟と解釈することによって放射能現象を解明していった科学者たちによって、物質は生命を吹き込まれたのであった(10)。

放射性元素のなかでも半減期が短く強い放射能を有するラジウム――キュリー

夫妻によって一八九八年に発見された――は、暗闇で光ったり、皮膚に火傷を起こしたり、細胞を死滅させたりした。ラジウムは生命を活性化する神秘的なパワーを有するものと考えられ、錬金術師たちが探し求めていた「賢者の石」に喩えられた。医療分野での需要は絶えず、世間ではラジウムを冠した商品が売り出され、ラジウムは一躍ブームとなる。その高い需要と希少性により、ラジウムはダイヤモンドを超えて世界で最も高価な物質となった(11)。社会における関心の高さも手伝い、ソディはしばしば一般向けの講演を行った。その講演活動においてソディは、原子エネルギーが将来利用できるようになる可能性について語り、錬金術の言葉を用いて放射能の性質を説明した。ソディの啓蒙活動の集大成といえるのが、一九〇九年に出版された科学啓蒙書『ラジウムの解釈』である(12)。一九〇八年のはじめにグラスゴー大学で六回に渡って行われたソディの連続講演の内容をまとめたこの書はベストセラーとなり、複数の言語に翻訳された。

『ラジウムの解釈』でソディは、「新しい錬金術」として放射能研究を提示した。ソディは、「錬金術」において重要な概念である「ウロボロス」、「賢者の石」、

「不老不死の薬」といった言葉を用いて、放射能現象を説明した。ラジウムを賢者の石に喩え、物質概念や推定される地球の年齢を変化させるラジウムは生命の神秘の鍵を握るとした。ソディはまた、「新しい元素であるラジウムは、アラジンのランプのように光と熱を放出する」と、魔法のランプも持ち出した。彼は物質とエネルギーの変換可能性に疑念を抱く人々からの問いに対し、しばしばエネルギーの放出を千一夜物語の魔法のランプに喩えて説明していた。さらには、エデンの園からの人間の堕落を念頭に、エネルギーを解放することのできる人種は、「砂漠の大陸を変形したり、極地の氷をとかしたり、世界全体を一つのほほ笑みのエデンの園にすることができる」と、エネルギーの解放によってユートピア的世界がもたらされると説明した。彼曰く、エデンの園を取り戻すことで、アダムとイブの楽園からの追放は「過去の災厄」となるのである。

錬金術の思想はもともと、巨大な力、宇宙の変容、そして終末論的な危機意識とも結びついていたが、ソディはこの世界を人類が望むままに支配するというユートピア的な錬金術をよみがえらせた。ソディは一九世紀後半に支配的であった技術的ユートピア主義の影響を受けており、科学技術の進展によって豊かな社会が作られることを信じていた。彼にとっては、原子内のエネルギーを手に入れることは、ありとあらゆることを可能にする力を手にすることに等しかった。その力は、科学技術によってもたらされるものであり、錬金術によってもたらされるものでもあった。ベストセラーとなった『ラジウムの解釈』を通じて、ソディの錬金術や魔法の言葉は広まっていった。

世界大戦と原子爆弾

ソディが用いた魔法の言葉から原子爆弾という言葉と概念を生み出したのが、SF界の巨匠として知られるH・G・ウェルズである。ウェルズはソディの『ラジウムの解釈』に科学的知識を依拠して、一九一三年に『解放された世界（*The World Set Free*）』を執筆した(13)。一九一四年に出版されたこの書の扉には、「この物語をフレデリック・ソディの『ラジウムの解釈』に献呈して、感謝の印とする」と記されている。ウェルズは『ラジウムの解釈』からどのような物語を構想したのだろうか。

『解放された世界』ははじめに、農耕石器時代からの人類の営みとして、未知のエネルギーや力を獲得しようとしてきた追求者たちの歴史をたどる。追求者たちがはからずも追求したものは「いつか太陽を捕まえる罠」であり、錬金術師の半分くらいは追求者であるとされる。そして登場するのが、エジンバラ大学でラジウムと放射能についての連続講義を行うルーファス教授である。立ち見がでるほどの超満員の教室で、教授はウラン酸化物の入った小瓶を片手に熱弁する。

このビンには、みなさん、このビンの原子には少なくとも一六〇トンの石炭を燃やしてえられるのとまったく同じ量のエネルギーが眠っているのです。もしひと声で、一瞬のうちに、わたくしがそのエネルギーを解放できたら、それはわたくしたちを、それから周囲にあるすべてのものを木端微塵に吹き飛ばしてしまうでしょう。もし、わたくしたちがそのエネルギーをこの町を明るくしている発電機に用いるならば、このエジンバラの町を一週間も明るくするでしょう。しかし、現在は誰もそのエネルギーを解放する方法を知りません。

ルーファス教授は、いまのところゆっくりと崩壊している放射性元素のエネルギーを一気に解放することができれば、「砂漠の大陸は変えられ、北極と南極は荒涼たる氷原ではなくなるでしょう。全世界はもう一度エデンの園となり、人間の力は星空の彼方へ向かうでしょう……」と息をつまらせて講義を終える。『ラジウムの解釈』をもとにしているルーファス教授の講義は、ソディのグラスゴーでの連続講義を彷彿とさせる。ルーファス教授の講演を聞いた少年は夕陽に向かって「今にきっとおれたち、おまえを捕まえてみせる」と決意を語る。のちの科学者ホルステンの誕生である。

科学者となったホルステンは一九三三年、ビスマス粒子の崩壊によるエネルギーの解放に成功する。そのエネルギーの最終生成物は金であった。一九五三年にまず原子力エンジンが実用化され、そこから取り出された最終廃棄物のひとつが金であったという事実は世界の物価高騰と価値の大暴落を招いた。世界経済は大混乱を迎え、そして一九五六年に世界大戦が勃発する。最初に原子爆弾を完成させたドイツがフランスを攻撃すると、フランスもすぐに原子爆弾で報復する。原子爆弾の報復攻撃が続き、連続爆発を続ける原子爆弾とそれに伴う深刻な放射能汚染によって世界の主要な都市には人間が住めなくなる。戦争で疲弊した国々の協議によって世界政府が樹立され、戦争から解放された平和な世界が誕生するのである。

ウェルズが『解放された世界』を執筆した第一次世界大戦前夜、ヨーロッパの知識人の多くは次の戦争によってすべての戦争が終わると考えていた。しかしすべての戦争を終わらせるはずであった戦争は、より強力な科学兵器による世界の終わりを想起させる戦争となった。一方でウェルズが描いた世界大戦の泥沼化は、化学者たちによる熾烈な毒ガス開発競争によって現実のものとなった。大戦後のヨーロッパではオスヴァルト・シュペングラーの『西洋の没落』がベストセラーになったように、直線的な進歩史観を有していたヨーロッパ文明への懐疑が生じていった。そのようななか、ウェルズが言葉と概念を生み出した原子爆弾は人々の心を捉え、その後の戦争と超兵器をめぐる想像力を刺激していった。

原子エネルギーによってもたらされるユートピア的な未来像を語ったフレデリック・ソディも、第一次世界大戦によってその考えを変化させていた。ソディは一九一四年にそれまで一〇年勤めたグラスゴー大学からアバディーン大学にうつるが、一九一四年一〇月に行った就任講演でソディは、彼の十八番ともいえる物質の変成について語ると共に、人類の叡智が現在の戦争では破壊のための科学兵器として用いられるとして、科学者の研究が社会にもたらしうる暗い側面に言及した。ソディはそれまでにもラジウムの兵器利用について語ったことがあったが、その可能性について深刻に捉えていたわけではなかった。科学技術の持つ暗い側面にソディの目を向けさせたのは、第一次世界大戦の勃発とウェルズの『解放された世界』であった。ソディは講演の最後に、「空想的だが、おそらく結局のところそこまで空想的ではない」として、ウェルズの『解放された世界』に言及した。

第一次世界大戦中の一九一六年、イギリスでは政府レベルで科学研究の基盤を整え国の科学研究を推進していくことを目的とする科学産業研究庁（ＤＳＩＲ）が設立されるが、ソディはＤＳＩＲの理念に反対し、国の科学動員に関与することはなかった。科学者の社会的責任を深く考えたソディは政治に関心を寄せるようになり、社会主義に傾倒していく。一九二〇年に開催された労働党の集会でソディは、「これまでの科学の利用は、百万倍も恐ろしい力が人間によって解放される前に新しい社会の秩序が発展することの必要性を示した」として、「個人が社会主義に道を譲って協力するか、科学を止めるべきである」と語った。ソディは一九一九年にオックスフォード大学にうつり、アイソトープの研究で一九二一年にはノーベル化学賞を受賞するが、何よりもまずは科学を用いる社会を正さなければならないという考えから、彼の関心は経済学へと移っていた。錬金術から経済学へと向かったソディは、魔術を用いて紙幣を造り出そうとした魔術師にして錬金術師のファウストを想起させる(14)。

ウェルズが生み出した原子爆弾という言葉と概念は、日本のメディアでも紹介されていった。ウェルズのファンであった海野十三が一九二七年に発表した「遺言状放送」は、天野青年が自作の短波ラジオで粉々に破壊された遊星からの遺言状となった放送を傍受してしまう物語である(15)。遺言状によれば、遊星人たちは不老不死の効能があることを証明されたチロリウムを得るために酵素ガスをチロリウム原子に変成しようとして「神を怖れる」ことを忘れ、欲望にひた走っていた。遺言状放送は次のように語る。

おおそれは最も恐ろしき出来事の端緒となることでしょう。かくも短い時間の中に、かくも小さい空間に発生せられた巨大なる勢力は人力を超越し、人意を踏み躙って、そこに現われ来るものは第二次の原子変成現象、第三次の原子変成現象、そこからまた第四次、第五次と引続いて起り、止め度もなく膨張拡大する原子変成が数万の雷鳴と地震と旋風が一瞬間にこの世界に訪れたように暴威をうちふるい、衝突と灼熱と崩壊と蒸発と飛散とが一時に生

じて瞬くうちにこのなつかしき我等を載せている球形の世界を破壊消滅し
去ってしまうであろうと信じます。

チロリウム原子の変成は次なる変成を招き、大崩壊を引き起こす。放送が終わるや否や、放送を傍受していた天野青年もまた、大崩壊に巻き込まれる。遊星人たちは彼らの遊星を崩壊したのみならず、大宇宙を崩壊させたのであった……と思ったのは通信を傍受していた天野青年のみで、翌日の新聞には無許可で短波放送を行っていた男が逮捕されたという記事と民家に墜落した飛行機事故に巻き込まれた天野青年の記事が掲載されたという落ちがついている。海野は、「全ての人間が不老不死を希い他人を押のけてもチロリウムを入手してこれを服用しようという事は神によって造られた人間の犯すべからざる権限であり」、「酵素瓦斯をチロリウムに変成する実験は最も恐るべき惨禍発生を充分孕んでいるもの」などと遊星人に遺言状で語らせており、不老不死を目指してチロリウム変成を行っていた遊星人の行為が、人間に許されざるものであるという認識を示している。

詩人の土井晩翠は、一九三四年九月に『雨の降る日は天気が悪い』という随筆集を出版している(16)。ここに収められた「苦熱の囈語」という短編は科学の発展と西欧文明の没落を憂いたものであるが、土井はこのなかで「原子のエナルヂィの解放はあまり遠い未来であるまい、之が戦争好きの人間に利用されたら如何なる恐るべき禍を来すだらうか」として、「学問の進歩によりて「哲学者の石」を求めようとする、其「石」は「人間の棺桶」となりはせぬか」と記している。「哲学者の石」とは錬金術師の求めた「賢者の石」のことであるが、それが「人間の棺桶」となるではないかという土井の憂慮は、示唆的である。

海野も土井も原子力が解放される一〇年以上も前に、それがもたらす暗い未来を直感的に予測していた。彼らは、人間は科学技術によって何でもできるという科学万能主義の弊害を見抜き、それに対して警鐘を鳴らしていた。文学者や思想家たちが原子力を文明の危機を招きかねないものとして想像していった一方で、科学者たちはその可能性についてあまり真剣には捉えておらず、むしろ楽観的に捉えていた。そもそも、一九三八年に核分裂が発見されるまで、科学者の多くは原子力が将来利用できるようになるとは考えていなかった。例外的な存在がレオ・シラードである。

錬金術から原子爆弾へ

ユダヤ系物理学者のレオ・シラードがベルリンで『解放された世界』を読んだのは一九三二年のことだった(17)。シラードはこの本に感動を覚えるが、この時は架空以上のものとは考えなかった。翌年、反ユダヤ主義を掲げたナチス政権の誕生によってベルリンからロンドンへと亡命していたシラードは、『タイムズ』に掲載されたアーネスト・ラザフォードの原子エネルギーに関する発言を目にする。この記事は、ラザフォードが英国学術協会で行った講演で原子変換研究をめぐる四半世紀について話したことを報じたもので、ラザフォードが「原子変換からエネルギーを手に入れようとするものは、月影について語るようなものである」と述べたことを伝えた(18)。ラザフォードの見解について考えたシラードはウェルズの『解放された世界』を思い出し、原子核連鎖反応の可能性に思い至る。その翌年、イレーヌ・キュリーとジョリオ・キュリーが人工放射能を作ることに成功した。ウェルズの小説のなかで科学者ホルステンが人工放射能を作った年の翌年であった。ウェルズの小説は、まったくの架空ではなくなっていた。

原子核をめぐる研究は急激に進展していた。一九三〇年代、原子核を人工的に破壊し、物質を変化させることができるようになった物理学者は、まさに現代に蘇った錬金術師であった。メディアにおいて彼らはしばしば「現代の錬金術師」と紹介され、一九三七年に出版されたラザフォード最後の著書は、『新しい錬金術（*The Newer Alchemy*）』と題された(19)。現代の錬金術師たちはこのとき、自らの研究が恐ろしい兵器を生み出す可能性に――シラードら少数の例外を除いて――思い至っていなかった。

一九三八年末、ベルリンのカイザー・ヴィルヘルム化学研究所でウラン核分裂の現象が発見される。翌年このニュースは世界を駆け巡る。すでにイギリスからアメリカに亡命していたシラードは、ナチスドイツが原爆を完成させるという悪夢が現実のものとなることを恐れ、仲間の科学者と共に合衆国大統領に宛てた書簡を起草した。それは近い将来においてウランの核連鎖反応によって非常に強力な新型爆弾が作られる可能性とドイツですでにこの研究が進められている可能性に言及し、アメリカにおけるウランの確保とその研究を促すものであった。この書簡はシラードと同じくアメリカに亡命していたアルベルト・アインシュタインの署名を得てフランクリン・ルーズヴェルト大統領へと渡った。九月には第二次世界大戦が勃発、各国でウランの核分裂エネルギーを軍事利用する計画が秘密裏に進められ、ウラン関連の研究は秘密のヴェールに包まれ、各国でその軍事利用の検討が進められていった。

一九四一年二月にはカリフォルニア大学バークレー校の放射線研究所でグレン・シーボーグらによって新しい放射性元素が生成された。それから約一年後、その放射性元素はローマ神話における冥府を司る神（pluto）にちなんでプルトニウムと名付けられた。プルトニウムの存在は、第二次世界大戦が終わるまで公にされなかった。このプルトニウムの量産とウランの連鎖反応の生成を目指して設置されたのが、シカゴ大学の冶金研究所（Metallurgical Laboratory）である。冶金研究所という名称は原爆研究を知られないようにするコードネームだとされるが、その名称は錬金術を想起させる。一九四二年の一二月、冶金研究所でシカゴ・パイル1号と名付けられた原子炉が世界初の臨界（核分裂の連鎖反応が安定的に継続している状態）に達すると、アメリカの原爆開発計画は拡大し、マンハッタン工兵管区という軍事組織のもとにまとめられた。

原爆開発の試みは日本でもなされていた。原爆関連情報が厳しく統制されていたアメリカとは対照的に、日本のメディアには原爆関連情報がしばしば登場しており、敗戦の色が濃くなる一九四四年には起死回生の新兵器として日本の原爆製造を待望する「原爆待望論」が生まれる。メディアでは科学者や軍人、作家たちが、原爆の可能性について語った(20)。戦時中に軍事科学読み物を多く掲載していた雑誌『新青年』に掲載された立川賢の「桑港けし飛ぶ」では、錬金術的発想で原子爆弾が製造される(21)。「台北×大理化学研究所」の白川博士とその助手友枝学士の二人は、大正末期に発見されたウラン鉱石「北投石」を材料として、ウラニウム235の蠟燭をつくることを思いつく。そのあと白川博士は夜中に一人で実験中に大爆発を起こして死亡するが、あとを継いだ友枝学士とそれを助けるため動員された多くの優秀な科学技術者によって完成させられた「原子破壊性爆弾」は、たった一発でサンフランシスコをけし飛ばすのであった。この小説では、練ったり、混ぜたり、乾燥させたり、加熱するなどの試行錯誤を経て、ウラニウム235の蠟燭が作られる。それはまさに、錬金術的な工程であった。

　自然界に多く存在しているウラン238ではなく稀少なウラン235によって核分裂が起こることが一九四〇年二月にコロンビア大学で行われた実験で確認されてから、天然ウランからのウラン235の大量分離が課題となっていた。日本の科学者たちがウラン235の分離という錬金術的課題に取り組んでいた一方、アメリカではマンハッタン計画と名付けられた極秘プロジェクトで全米中の科学者と工業力を結集して原爆開発を進めていた。そして一九四五年七月一六日、アラモゴードの砂漠でトリニティー（三位一体）と名付けられた核実験が実施される。それは、人類が原子力＝核エネルギーをはじめて解放した瞬間であった。

トリニティー実験の翌日、レオ・シラードは「原子力という新たな自然力を破壊目的に使用する先例を作ってはならない」として日本への原爆投下に反対する請願書を作成し、仲間の科学者七〇人の署名を得て合衆国大統領へと送った。その頃、ナチスドイツの降伏によりソ連占領地区となっていたポツダムでは第二次世界大戦の戦後処理を協議するポツダム会談が始まっていた。トリニティー実験の成功を知ったトルーマン大統領は、ソ連に対してみるからに強気の態度をとるようになる。原爆はすでに科学者の手を離れ、政治の道具となっていた。反対の声は届かぬまま、八月六日を迎える。

科学者と魔法使いの弟子

一九四五年八月六日、トルーマン大統領は日本への原爆投下を宣言する演説のなかで、次のような印象的な言葉を用いている。

それは原子爆弾だ。宇宙に存在する根源的な力を利用したものである。太陽のエネルギー源になっている力が、極東に戦争をもたらした者に対して解き放たれたのだ。

まるで自然界の法則で日本という悪が成敗されたかのような表現である。核分裂反応を用いる原子爆弾は、厳密にいえば核融合反応をエネルギー源としている太陽とは異なるが、原子力を太陽に喩えるレトリックは以前からソディやウェルズらも用いてきたものであった。原爆は、太陽の源となる力、宇宙の根源的な力、神から授かった力として示された。人類は神の力を手に入れたかのようであった。原子の力を解放した科学者たちは、大偉業を成し遂げたと称賛され、崇拝の対象となった。ドラゴンの尻尾をくすぐる、太陽を捉えた、パンドラの箱を開けた、などといった原子力の解放をめぐる魔法の言葉の数々は、その力を解放した科学者を魔法使いであるかのような存在にした。

芸術の世界でも原子力は神秘的なものとして捉えられた。画家のサルバドール・ダリは、広島への原爆投下に大きな衝撃を受け、原子核神秘主義なる思想を追究していった。ダリは、物理的な世界がもはや想像することも絵で表象することもできず、分離された物質がそれぞれ浮遊した関係にあると考え、一九五一年にはその考えをまとめた『神秘主義宣言（Mystical Manifesto）』を発表する。歴史研究者のロバート・A・ジェイコブズは、核兵器は、「魔法の香りが振り掛けられ黙示録的パワーを付与されていた」、「魔術的言い回しもまた、核兵器が人を惹きつける重要な要素の一つだった」と指摘する(22)。原子力が神秘的なものとして語られたのは、その圧倒的なエネルギーに加え、核保有国がその技術を独占したために技術的詳細が秘密にされていたという理由もあった。ディズニーの魔法的プロパガンダによって、その魔術的力はさらに強化された。

このようにして原子力には魔法の粉が振りかけられたが、その魔法の粉は本章で見てきたように、核兵器がこの世に誕生する以前からかけられてきたものだった。原子力をめぐる神秘的な言葉は、放射能や原爆の研究・開発過程において新たな現象を理解しようとした科学者たちが用いた言葉でもあった。新しい現象を目の当たりにした科学者たちは、それまでに彼らが親しんでいた言葉や概念で、その現象を理解し、説明しようとした。そこで用いられたものが、錬金術であり、太陽の力であり、アラジンの魔法のランプであった。

広島と長崎への原爆投下を知ったソディは、すでに大学を退職して科学研究の世界から遠のいていたが、再び積極的に社会的発信を行うようになる。日本の降伏から一週間後には、原子力の解放を憂慮する論考を雑誌に発表している。ソディは、「フリーメイソンや秘密社会などによって神秘的で秘境的な叡智として保持されてきた中世の間違った錬金術は、政府という表面の裏にいる、国家の運命をその虚ろな手中にしている人々の根底にある唯一の商売道具である」と、原爆を錬金術として捉え、それを手にしている人々が間違った方法で保持していることを憂いた。彼はまた、天国から火を盗んだ罰として永遠に鎖に繋がれたプロメテウスに言及した。原爆投下を知ったウェルズは、すでに年をとって疲れきっていたが、奮起して核兵器が実在するようになった同時代を舞台にした新しい映画のシナリオを手がけ始めた。しかし翌年、シナリオが完成する前にウェルズは七九歳の生涯を閉じる(23)。

シラードは核兵器が人類を破滅に向かわせないよう戦後も精力的に活動を行った。その間にもシラードはいくつもの、人類の破滅的な未来を予測したような小説を執筆した。一九四七年に執筆した「私は戦犯として裁かれた」という小説は、シラード自身が主人公となっており、ウイルス兵器でロシアが勝利した第三次世界大戦の後、それまで原子力の研究に関わったすべての科学者が検挙され、アメリカに残って戦犯として裁かれるか、ロシアに連行されるかを選ばなければならないという立場に置かれるというものだ。ロシアに渡ることを拒んだシラードは、アメリカの原爆開発と対日使用に対して重要な責任を負ったスティムソン陸軍長官、トルーマン大統領、バーンズ国務長官とともに戦犯として裁かれることになる。彼らの生命が脅かされる中、ウイルス兵器で自国民を大量に殺めてしまったロシア国内で暴動が起こり、アメリカに有利な形で裁判が終わってシラードらが命拾いをしたところで小説は終わる(24)。これはまるで、シラードがうなされていた悪夢のようである。原子力の解放に関わった科学者たちは、自分たちが行ったことと行えなかったことを反芻し、悪夢の中を生きていたのかもしれない。

原子変成のエネルギーによって「エデンの園」を取り戻せるとしたソディ、世界を戦争から解放するものとして原子爆弾を構想したウェルズ、合衆国大統領に原爆開発を促したシラード。彼らは先見の明と深い洞察力を備えていたが、原子力がいかに人間の手に負えない存在となるかについて――重大な影響力を持つ言動を行った時点では――十分に想像できていなかった。原子力の解放に一役買った彼らにも、原子力を封じ込めることはできない。

原子力をめぐる魔法は、未だに解かれていない。繰り返される核実験や原発事故は数多の被害を生み出し、人々は「原子の魔人」の恐怖におびえながら生きてきた。魔法をかけることはできても魔法を解くことができない科学者たちは、魔法使いではなく、魔法使いの弟子であった。その魔法は一体どのように解き得るのだろうか。

第２章　「科学者の自由な楽園」が国民に開かれる時
――ＳＴＡＰ／千里眼／錬金術をめぐる科学と魔術のシンフォニー

ＳＴＡＰ騒動に見る科学と非科学、あるいは魔術

二〇一四年一月末に『ネイチャー』誌に発表された若い女性科学者による画期的な発見――ＳＴＡＰ細胞――は、日本国内のメディアを沸かせるとともに、世界中の再生医療研究者に大きな衝撃を与えた。ところが世界各国の実験室で行われたＳＴＡＰ細胞の追試実験の結果はどれもその実在を否定する結果となった。加えて発表された論文に不正がいくつも見つかるという事態が発生し、いまやＳ

TAP細胞の根拠となるものは何もなくなった。ところがさまざまな証拠によって捏造であることがほぼ確定しても、小保方晴子は自身の不正行為を認めず、理研は検証実験にこだわるという異常な事態が続いている。小保方を入れた検証実験という本来ならば許されるべきではないこの展開に、多くの科学者たちが深刻な危機感を覚えている(1)。

何故このような、異常な事態が生じているのだろうか。本章ではこの極めて不可解な状況を、理研や科学者の倫理の問題として捉えるのではなく、科学研究をめぐる科学者と国民との関係性の問題として捉えてみたい(2)。STAPをめぐる騒動は、科学者と一般市民の科学観の乖離によって、拡大した側面がある。科学者コミュニティーの常識は、STAP細胞は捏造であり、あまりに杜撰な研究を行ってきた小保方は科学者失格で、もはや実験に携わる資格はないというものである。しかし一般メディアでは、その証拠となるものが何もないことが明らかになっても、STAP細胞があることへの期待が繰り返し語られている。小保方の研究不正は大きな問題ではなく、もしSTAP細胞が再現できれば彼女の汚名は返上されるという考えである。

　科学者の見解と世論の乖離を考える上で検討すべきは、一体私たちが科学をどのようなものと捉えているかである。論文が撤回された今、小保方のみが存在を主張するSTAPはもはや科学ではなく、非科学――あるいは魔術――の領域に限りなく近い。科学と非科学、あるいは科学と魔術の境界を、この国の科学者と国民はどのように認識し、経験してきたのだろうか。その際、実験はどのような役割を担ってきたのだろうか。STAP騒動と似たような構造を持つ騒動は、実は明治期から発生していた。そこでは、実験によって、科学と魔術の境界が確定されないばかりか、混乱をきたすという事態が生じていた。また、魔術師としてのイメージを獲得していた科学者たちがいた。理研の科学者たちである。以下本章では、近代日本において科学と魔術がどのように交差していたのか、理研の科学者がどのようにして魔術師としてのイメージを獲得したのか、いくつかの象徴的な事例を取り上げて検討していきたい。

千里眼事件に見る科学と非科学

日本で科学と非科学の境界をめぐって世論が沸騰した、その嚆矢といえるのが千里眼事件である。

心理学者の福来友吉によって千里眼と名付けられた「透視」や「念写」といった超能力の真偽をめぐって、明治末期に超能力者と帝国大学教授らがメディアを騒がせた。これを千里眼事件という。「透視」や「念写」は、科学的に証明できない非科学の領域に属する。ところが明治期の科学者はこれを科学的に解明しようと試みた。その結果、千里眼現象を科学者はなかなか解明できず、世論は紛糾し、一大スキャンダルを巻き起こすこととなった。

千里眼事件についてはこれまでもさまざまな分野からの研究や言及がなされてきた(3)。それらは科学・物理学を擁護するものと心霊現象を擁護するものに大別できるが、両者に共通した見解は、千里眼事件をオカルトなどの非科学が科学に駆逐された例とみていることである。ここで千里眼事件を振り返り、科学と非科学のせめぎ合いを検討したい。そして、千里眼が科学によって駆逐されたという説明は事態を単純化した一面的なものであることを指摘する。

千里眼事件の火付け役となったのは心理学者の福来友吉である。一八六九年に高山市に生まれた福来は、東京帝国大学哲学科を卒業後、同大学院に進学し、変態心理学、睡眠心理学の研究を行った。この頃、催眠術が社会的なブームとなっていた。福来は一九〇六年に「催眠術の心理学的研究」によって東京帝大より文学博士の称号を受け、その二年後に東京帝大助教授に就任した。福来は一九一〇年、御船千鶴子との出会いによって「透視」という現象を発見した。そしてこれを、科学的に裏付けようとしたのであった。

御船千鶴子は、人体の透視に熟達したばかりか、患部に手を触れることによる身体の治療や、近い未来の予言までできたという。福来は京都帝国大学教授の今村新吉と共に千鶴子の透視実験を行い、良好な結果を得た。実験結果は同年六月二七日から七月一五日にかけて「透視に就て」というタイトルで『大阪朝日新聞』一面に連載され、御船の千里眼は全国的に知られるようになった。

千里眼現象を科学的に解明するという福来たっての希望により、九月には東京帝国大学の学者たちを集めた実験が開催されることになる。東京帝国大学の教授を集めた実験は二度開催され、一回目の実験は失敗したが、二回目の実験は成功したようである。実験結果は新聞メディアで大々的に報道された。実験翌日の九月一八日の『東京朝日新聞』には、「十四博士の驚嘆　千鶴子の千里眼　実験見事に成功」という記事が掲載された。この記事では「天下の学者を集む」として、学者博士たちがこの実験に対してどのような反応を示したかを詳細に伝えている。この時、学者たちの千里眼に対する見解はさまざまにわかれていたが、千里眼は学者のお墨付きを得たかの如く報道されるようになった。

千里眼報道は加熱していき、千里眼の能力を持つもう一人の女性、長尾郁子が登場する。長尾の千里眼は「透視」だけではなく、写真乾板に文字を転写する「念写」ができるというものであった。「念写」は、写真版を感光させるX線やラジウムの作用とも似通ったものであった。そこで念写が何らかの放射作用によるものではないかという考えが科学者たちに持たれるようになる。ここで千里眼実験に乗り出すのが、東京帝国大学教授の山川健次郎である。山川は、日本人ではじめての物理学教授となった科学者で、いち早くX線の追試実験を行った人物でもあった。山川が千里眼実験に乗り出した動機には、新しい科学現象を解明できるかもしれないという期待もあったが、あまりにも大きな社会問題となった千里眼に対して、誤った科学観が世に広まってはいけないという教育的な配慮と責任感があった。

一九一一年が明けてすぐ、山川率いる物理学者による実験が開始された。この実験で山川らは、長尾がトリックを使っていた場合にそれを見破ることができる実験装置を用いた。まず乾板には、乾板を開いた場合にそれがわかるよう銅鐵の細線を取り付けた(4)。そして行われた念写実験はうまくいったが、その際、実験用乾板に装着していた銅線がなくなっていた。つまり実験装置を誰かが開いたことを意味していた。次の実験では、実験用の乾板に手を触れたらわかるような仕掛けを行い、さらには放射線による感光であった場合それを見破るために、十字の鉛を入れる細工をした。この実験で長尾は乾板がなく、十字が二つあると透視した。実験装置を確かめると、誰かが開けた形跡があり、乾板は入っていなかった。実験は失敗に終わった。

この実験の結果から、山川の助手を務めていた理学士の藤教篤と藤原咲平は、長尾の千里眼が詐術であると確信し、記者会見を開いて訴えた。彼らは二月に『千里眼実験録』という著書まで著し、長尾家の詐欺を世に伝えようとした。長尾家のトリックを暴くかのような構成になっているこの本には、山川健次郎、中村清二、石原純による文章が掲載されていたが、興味深いことに誰も千里眼の真偽については判断を下していなかった。

山川、中村、石原ら、自身の発言の社会的影響力の大きさを認識していた物理学者たちは、千里眼の真偽は実験によってのみ明らかになるという姿勢をとり続けていた。例えば中村は二月二二日に福来と会談を行っているが、ここでも千里眼を真とも偽とも断定していない。その模様を伝えた『東洋学芸雑誌』第三五六号によると、「千里眼問題は未だ結論に達して居らぬ。藤、藤原両君等は頗る疑はしいもので実験を繰返す価値の無いものであると主張し長尾家の方では出来ると主張している、つまり水掛論である。「此解決を付けて世人の惑を解くには実験を継続するより外に方法はないと思ひます」と、福来に語っている(5)。中村の発言は、見解の割れる千里眼問題に対し、実験という誰にでもわかる形でしか解決するほかないという科学者の態度を端的に示している。

科学者の多くは千里眼を詐術だと疑っていただろう。彼らは千里眼に対する世間の誤解を解くためには、その真偽を実験によって明らかにするしかないと考えた。あるいは実験によって、そのトリックを暴こうとしたのかもしれない。しかし、「悪魔の証明」として知られるように、存在しないものを証明することは難しい。実験に拘る科学者の態度に、メディア＝国民はしびれを切らした。新聞紙面には科学者陣に批判的な論調が多く見られるようになる。例えば一九一〇年一月五日の『読売新聞』朝刊一頁に掲載された「編集室より」では、「一にも実験二にも実験とは今日の学風也。故に事実は先立ち研究は後ろ、学者の事実を認識するの速度、到底実務家のそれに追求する能はざる」等と学者の実験偏重を批判している。『東京朝日新聞』では一月後半に八回に渡って「学界の奇観」という連載を掲載しているが、連載の最終回となる一月三〇日の朝刊六頁では「千里眼事件は全く千里眼其のものゝ問題にあらずして尻の穴の小さき学者達の排他思想の紛乱なり、千里眼や念写の果してありやなしやは依然疑問なり」と学者を批判した。

メディアを騒がせた千里眼事件は、御船千鶴子と長尾郁子という二大千里眼能力者の相次ぐ死によって一旦幕を閉じた。御船は千里眼が詐術であると報じられた一月末に毒服自殺を遂げた。長尾は千里眼が詐術でないことを証明したいと意気込んでいたが、インフルエンザに罹って二月末に病死した。二月二八日の『東京朝日新聞』に載せられた長尾の死亡を伝える記事には以下のようにある。

今年一月山川理学博士一行の実験に応じたる為世間に誤解され昨日までは神仏の如く丸亀市民に敬せられしが一朝にして蛇蝎の如く取沙汰され遂に児童らにより『ラヂウム』なる綽名を附せられ外出すれば石を投ぜらるゝに至れりと云ふ、其末路は寧ろ気の毒なりしなり斯くていく子の千里眼及び念写は嫉妬深き一部学者の非科学的実験により世に葬られん(6)。

長尾が学者の「非科学的実験」によって葬られたとしているこの記事からは、メディアの山川ら科学者への憤りと千里眼能力者への同情が伝わってくる。

千里眼能力者の死によってもはや千里眼実験が不可能になった時、中村清二は千里眼を否定する立場での公開実験を行った。中村は三月二一日に東京帝国大学法科大学の大講堂で開催された学術講話会で、「理学者の見たる千里眼問題」という講演を行った(7)。中村は「只今まで我国に出て来た千里眼と云ふものは、信ずべき理由なし」として、透視や念写を実際に行って見せたのであった。この講演には六〇〇人の聴衆が集まった。中村の実験はどのように受け止められたのだろうか。興味深いことに、中村の講演録を掲載した雑誌『太陽』には、「西洋の千里眼的研究熱」というコラムが掲載されている(8)。このコラムは、「今日文明国人を以て自任する欧米諸国人の中に於ても、奇蹟的、妖怪的の信仰が大に広まつて居るやうだ」と欧米における心理現象研究の動向を紹介し、「科学万能主義を以て凡てを解決せんとするは如何なものか知らぬが、大に研究すべきであらうと思ふ」と結論している。中村の公開実験によっても、千里眼に対する雑誌編集者と読者の期待は打ち消されなかったのである。

千里眼を「発見」した福来は、透視や念写が事実であるという信念を持ち続け、一九一三年に『透視と念写』という著書を出版する。千里眼能力者の実験について詳細に綴ったこの本の序で福来は、自身の研究が時代の科学に超越したものであるから受け入れられないのだという論を展開した。福来は、透視と念写が「物理的法則を超絶して」「空前の真理を顕示するものである」ために、物質論者たちから多くの迫害を受けてきたと述べ、自説をまげずに幽閉されたガリレオに自らを重ねた(9)。福来に同情する者も少なくなかったようである。福来はメディアで「千里眼博士」と称され続け、一九一四年に東京帝国大学の職を辞した後には高野山大学の教授に着任している。

これまで見てきたように、千里眼事件を科学による非科学の追放と見るのは一面的な見方である。科学者たちのあくまで実験に拘るという態度は人々の反発を招き、メディアにおいては科学界への不満が噴出していた。千里眼事件は、千里眼を科学的に解明しようとした科学者と、千里眼に魅せられたい国民との間の摩擦を可視化させた事件ともいえる。もともと千里眼が人々の関心を惹いたのは、不可思議な超能力ゆえであった。そもそも人々にとって千里眼は科学である必要はなかったのかもしれない。しかし科学者たち――なかでも物理学者たち――は、千里眼の真偽に拘った。彼らは真偽という尺度を持ち出したものの、その判定には慎重な態度をとっていた。その慎重な態度が、仇となったのであった。

また、千里眼事件においてはメディアが重要な役割を果たした。科学者たちは千里眼をめぐって直接議論したというよりは、各々の見解を記者に語り、新聞紙面で発表していた。福来は新聞報道を味方につけることで、その正しさの証人を読者に求めた。世論を味方につけることで、自身の主張の正しさを証明しようとしたのである。超能力者や科学者の見解をそのまま伝え、対立を煽ったメディアは、千里眼事件の影の立役者であり、この事件を膠着化させた張本人ともいえるのである。

科学と魔術をめぐる公開実験

千里眼が大きな社会現象となった時、科学者が誰にでもわかる形で決着をつけるために用いた手段が、実験であった。しかしこのとき実験は、千里眼の真偽を確定することに失敗した。そもそも科学とは何であるのか、科学にとって実験とは何であるのかを確認しておきたい。

今日においても未だ千里眼が科学的に解明されていないことからしても、千里眼は科学ではなく詐術、あるいは魔術であった可能性が高い。問題は、疑似科学と科学をどのように判定するかである。カール・ポパーは、反証可能性を有するか否かで科学か疑似科学かの判断ができるとした。つまり、トートロジーであるが、反証可能性を有しない疑似科学は、反証することができない。千里眼事件を加熱させたのは、反証可能性がなく疑似科学であるものを、科学の俎上に載せた挙句、反証も否定もしないという科学者の態度であった。心理学者のジェイムズ・マックレノンは、超心理学が正当性を確立することも完全に拒絶されることもなく、一〇〇年以上の命脈を保っていることを指摘したが(10)、千里眼事件はまさにそのような擬似科学のパラドックスの上に浮上した事件であった。

科学知識はどのようにして、その信頼性を担保してきたのだろうか。信頼性を担保するものの一つが公共性である。初期近代の自然哲学者たちは、「知識」は公共のものであるという理解のもと、個人的な領域にある経験をいかに公共の領域へと確実に移すかという問題に多くの関心を払い、試行錯誤を繰り返した(11)。例えば、フランシス・ベイコンは、実験と観察に基づく経験科学を重んじ、錬金術や魔術を、欺瞞、熱狂、誇大妄想として排した(12)。彼らが個人的な経験を公共のものとするために考えた方法の一つが、公開実験であった。ロバート・ボイルは、空気ポンプの実験結果の正しさを保証してもらうために、立ち会い人の前で公開実験を行った。ボイルはまた、実験の結果を、遠方の人にも再現できるように詳細に記述することを重んじた。

このような自然哲学者たちの努力にもかかわらず、魔術的なものは科学によって駆逐されることはなかった。近代の科学・技術の進展に伴い、魔術もまた進展した。一九世紀には、科学が中立的で客観的だという認識が人々の間に広まっていったが、同時に心霊主義の流行に見るように、オカルトや魔術的なものが人々の心を捉えていった。この時、新しい魔術を生み出したのは、電灯、電信、電話、ラジオといった電気技術の進展である。電気技術の受容を検討したキャロリン・マーヴィンは、大衆の支持をめぐる電気の専門家と魔術師との競争関係を指摘している。電気の専門家たちは、大衆の注目や信頼を科学の名において勝ち取ろうとしていた魔術師や見世物師に疑惑の目を向けており、彼ら以上に印象的な魔法を作り出すことさえあったという(13)。

電気技術の専門家同士の競争関係のなかでも魔法が作り出された。一八八〇年代後半にトーマス・エジソンとニコラ・テスラが電気システムの直流と交流をめぐって激しく対立したことはよく知られているが、このとき彼らはどちらも電気技術を用いた華々しい公開実験を繰り広げた。直流発電を提案したエジソンは、ウェスティングハウスとテスラの提案する交流発電が危険なものだと思わせるために、交流発電によって動物を殺める公開実験を行った。対するテスラは人体に交流を流す公開実験によって電気が体内を流れることを印象的に示し、交流発電の安全性を訴えた。彼らは公開実験を宣伝に用いたのであった。このようなこともあり、エジソンとテスラはメディアにおいてまるで魔術師のような扱いを受け、「メンロパークの魔術師」「西洋の新しい魔術師」などと称された。

一見正反対に位置するように思われる科学と魔術の関係は、自説の正当性を認めさせたい者たちによって、互いに磨き上げられていったのであった。そしてその時に不可欠な存在が、観客／メディアを伴う公開実験であった。公開実験は、観客／メディアを動員し、科学知識の客観性を担保することに寄与してきた。その一方で、観客／メディアを取り込むことで、科学と魔術の境界を曖昧にすることにも寄与したのであった。千里眼事件において用いられた公開実験が前者の目的を持ったものであるとすれば、この後に見ていく水銀還金実験と人工ラジウム製造実験は、後者に属する――魔術師として語られた一九世紀の電気の専門家のそれに近い――ものであった。それらの舞台となったのは理研である。

理研の「錬金術」広報

物理学の大御所である長岡半太郎が行っていた水銀還金実験について今日ではあまり知られていない。一九二四年の秋、長岡は水銀から金を採取する実験に成功したと発表、長岡の所属していた理研はこの「錬金術」を宣伝し、メディアも大々的に伝えた(14)。この実験の顛末とその報道を振り返ってみたい。

水銀還金実験の成功は、長岡らが一九二四年三月二九日付の *Nature* 誌で水銀還金の理論的可能性を予告していたところ、高圧の水銀真空ポンプを用いて水銀から金をとる実験に成功したというA・ミーテの同年七月一八日付の *Naturwissenschaften* 誌への報告を受け、あわてて発表したものであった。長岡の予測とは、水銀と金は原子番号（すなわち陽子数）が80と79という隣に位置することから、80の陽子を持つ水銀から陽子を一つはじき出せば79の陽子を持つ金に変わるだろうというものであった。この時中性子は発見されていなかったため、原子核は陽子と電子でできていると考えられていた。長岡は陽子をはじき出すための高圧を得るため水銀アークを用いた実験をはじめ、採集した物質のなかに小さな金の塊を発見したのであった。長岡はこの結果について九月一八日に東大理学部物理教室で行われた日本数学物理学会常会で報告し、さらに九月二〇日に理研において公開実験を含む報告会を行った。長岡の発見は大々的に報道された。

長岡の発見は九月二〇日にほとんどの新聞で伝えられた。新聞記事の見出しを抜き出してみると、「人工で黄金ができる　長岡博士の大発見けふ理化学研究所で公表」（二〇日、朝日新聞）「水銀が金になる　相対性理論以上の発見　長岡半太郎博士の大発見　今日理化学研究所で公開実験する」（二〇日、読売新聞）「遂に解かれた学会の謎　水銀から金を抽出　長岡半太郎博士の一大発見　けふ理研で発表する」（二〇日、時事新報）といったセンセーショナルなものであった。『時事新報』の記事は、「古い時代には錬金術といふものがあった」とはじまり、「何しろ研究所が学会の権威を網羅した財団法人の理研でありその発見指導者がこれも世界的に有名な長岡半太郎氏なので、果然学会の一大驚異となつたのみでなく、ひいては世界の経済界にも一大恐慌を及ぼし、金本位の貨幣制度に大革命を来し、所謂価値転換の時代が来ることになつた」などと貨幣経済の大転換を予告している。

このような大々的な報道がなされた背景には、長岡が所属していた理研、そして所長大河内正敏の方針があった。財団法人理化学研究所は一九一七年、高峰譲吉や渋沢栄一、桜井錠二らの「国民科学研究所」構想にもとづいて設立された。第一次世界大戦の好景気や科学研究の応用への期待が醸成されたことが追い風となり、発足時には財閥からの寄付を中心に二一八万七〇〇〇円を集めていた。理研は基礎科学と応用科学の両方を柱として、大学や国立の研究所を凌ぐ日本の科学研究の一大拠点となっていった。

第三代所長を務め、理研を大きく発展させたのが大河内である(15)。大河内は一九二一年に所長に就任すると、理研の大改革を行った。まず、主任研究員制度を導入したが、これは主任研究員に裁量を与えるもので、科学者の自由な研究を可能にした。また、重化学工業を主とする子会社をいくつも設立し、独自の財源を確保していった。いわゆる理研産業団(理研コンツェルン)である。潤沢な研究資金をもとに、理研の研究員たちは各々の研究を進めることができた。朝永振一郎が回想しているように、そこはまさしく「科学者の自由な楽園」であった(16)。

大河内は、科学者の楽園といわれる研究環境を作っただけでなく、国民と科学者の関係をも変えていった。造兵学を学んだ大河内は、国防のためには基礎科学の振興が重要であることを痛感していた。そしてその理念を、国民に広く浸透させようとした。メディアを通して基礎科学の有用性を繰り返し説いていったのである。

純粋な科学研究の成果として金が産出されるという水銀還金実験は、大河内の理念に合致する成功例となり得るものであった。これを積極的に宣伝しない理由はない。例えば、水銀還金実験が発表された年の一二月の『大阪毎日新聞』には、「長岡博士の還金術は産業界に何う影響するか」という大河内の署名入りの記事が二日から九日まで四回にわたって掲載された。大河内はこの記事で、長岡の還金術がいかに産業界に貢献するかを説き、連載の最後を次のように締めている。

原子を破壊し或ひは原子を合成して、一つの元素から他の元素を生産して行く原子工業は、実に長岡博士の發見によつてその萌芽を現したのである。（略）世界で一番さきにこの萌芽を見出したものはわれ〳〵日本人であつてその名誉は未来永劫変ることないが、若し今後われ〳〵の努力や覚悟が足りない時は必ずしも日本で成長するとはかぎらない。（略）科学の研究が人類の幸福のために、その製造生活のために如何に重要であるかを知悉せられて科学の研究に対し同情を寄せられんことを望むものである(17)。

大河内はこのように、「原子工業」の分野で日本が他国に先駆けていることを示し、読者に対して、科学研究への「同情」を求めたのであった。大河内は、科学研究の国民の理解が不可欠であると考えていたが、それは単なる啓蒙ではなかった。彼は国民をパトロンとしても捉えていたのである。

ところで長岡の「錬金術」が興味深いのは、これが理研の広報の先駆的な例といえるだけでなく、この実験が科学的には誤りであったことにある。長岡自身もその誤りに、どこかの段階で気づいたはずである。ところが長岡は水銀還金実験を一〇年以上続けた挙句、この実験が誤りであったことを生涯認めなかった。科学界の重鎮であった長岡を正面切って批判する科学者は皆無であった。水銀還金実験に対して批判を行ったのは、科学界を退いて科学ジャーナリストに転身していた石原純のみであった。長岡と理研が、この実験の誤りを認めなかった理由は定かではないが、それが困難であったことは容易に想像できる。大々的に発表した研究成果が誤りであったと公表することは、国民の研究所への信頼を揺るがす要因にもなる。従って新聞や雑誌、科学啓蒙書といったポピュラーサイエンスの世界では、長いこと長岡の水銀還金実験はインパクトを持ち続け、日本人科学者の偉業として伝えられたのだった。

サイクロトロンと「人工ラヂウム」実験

大河内は極めて上手に理研のイメージを社会に浸透させていった。理研の科学者たちも研究のプレゼンテーションの重要性を意識していき、理研で生み出される科学研究の成果に国民も大きな期待を寄せていった。その様子を、サイクロトロンを用いた実験の報道から見ていきたい。

理研では、数々の発見や発明品を世に出していたが、三〇年代後半に、ひときわメディアの注目を集めたのがサイクロトロンであった。サイクロトロンは原子の核反応を調べるために用いられた大型の実験装置であり、その建設には多くの資材が必要とされた。理研のサイクロトロン建設を率いたのが、日本の「原子物理学の父」ともいわれる仁科芳雄である。

仁科はサイクロトロンの建設資金を得るために、宣伝活動を積極的に行った(18)。そのおかげもあって、サイクロトロンはしばしば写真を伴って印象的に報道された。例えばサイクロトロンの完成間近を伝えた一九三七年の三月五日の『東京朝日新聞』は、「「魔の実験室」誕生」という見出しをつけ、「太古からの人類の夢である「錬金術」」と錬金術の説明にはじまり、「夢幻の如き不可思議な研究」が開始されたと伝えた。翌月七日の記事では「魔の実験室から　飛び出したり！　人工ラヂウム」という見出しをつけ、「「魔の実験室」が六日から器械の運転を開始し、日本では初めての珍しい人工ラヂウムが盛んに飛出し始めた」と伝えた(19)。

ここで、仁科の実験室が「魔の実験室」と伝えられていることに注目したい。これは、長岡の系譜としての錬金術のイメージがあったからであろう。仁科の宣伝手法もまた、魔術的なものであった。仁科はサイクロトロンの宣伝活動を通して、人々に訴えるPRの手法を学んでいった。宣伝活動の中で仁科が獲得したのは、サイクロトロンを用いて生成した放射性物質にガイガーカウンターを近づけて音を鳴らすというある種の魔術である。十分に種明かしをしない場合、科学はマジックになる。仁科の実験は、しばしば「魔術」や「手品」と形容された。

仁科の「魔術」が象徴的な形で現れたのは、一九四〇年一一月一八日に開催された紀元二千六百年記念理研講演会である。理研が神武天皇即位紀元二六〇〇年を祝った紀元二千六百年記念行事の一環として開催した理研講演会は、「理研の街頭進出」として記録されている(20)。この講演会は大盛況で、会場の軍人会館に入りきらなかった聴衆が会館前に溢れたほどであった。講演会では理研に所属する一一人の科学者が講演を行ったが、その目玉となったのは、仁科が行った「放射性人間」を作るという公開実験である。仁科は一体どのような公開実験を行ったのだろうか。報道から、その様子を覗ってみたい。

講演会開催当日の『読売新聞』には「科学の兒〝放射男〟ラヂウム飲む実験研究室街へ進出」という記事が掲載された。「〝人工ラヂウム〟を嚥下して〝放射性人間〟を作るといふ珍しい公開実験が十八日午後一時から九段軍人会館で開かれる「紀元二千六百年記念理研講演会」席上仁科芳雄博士によつて行はれる」と伝えられている。実験の内容についても、「先ず理研のサイクロトロンで重い水素原子を食塩にぶつゝけて製造された人工ラヂウム十分の一グラムをコップ一杯の水に溶かして仁科研究室の小使さん加藤彌太郎（五一）さんが実験台になつて嚥下する、人工ラヂウムは血液の中に潜り込んで約二〇分後には全身に行きわたり、頭からも手足からも全身いたるところから放射線を発光のやうに放ち始め所謂珍らしい〝放射性人間〟が出現する」と書かれている。この頃、理研の仁科研

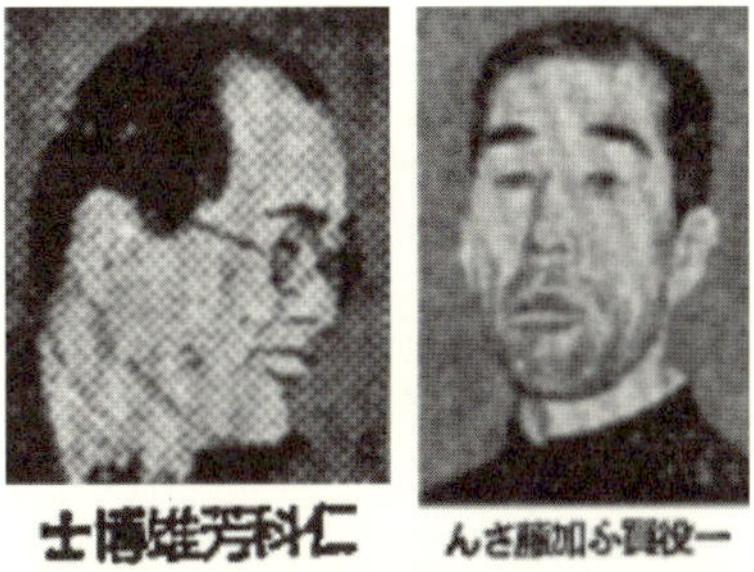

上図：紙面に掲載された仁科と加藤の写真。『読売新聞』1940 年 11 月 18 日、3 頁。
下図：公開実験の模様を伝えるイラスト。『読売新聞』1940 年 11 月 19 日、7 頁。

究室には毎日のように新聞記者が訪れていた。読売新聞の記者は、事前に仁科を訪ね、実験内容を聞いたのだろう。

講演会の翌日一九日の紙面では、公開実験の模様が詳しく伝えられた。『読売新聞』では「〃放射人間〃大聴衆を唸らす」というタイトルを付け、次のように伝えている。ラジウム溶液を飲んだ加藤さんが約二五分後、ガイガー・ミュラー計数管の上に手をかざすと、「パチパチと機関銃の様な音がマイクロフオンを通じて観衆の耳朶を打つ、加藤さんの手から放射線が飛出していることがまざくと實証された」「次いで放射性になつたどうかや人工ラヂウムを吸ひ上げた八つ手の葉、菊の葉を計数管に近づけると同じく音を立てる、天体から降りそゝぐ謎の宇宙線も音に変へて〃科学手品〃よろしく平易な講演に観衆の拍手を浴びて好評を博した」ということである。なお、加藤がラジウム溶液を飲んでからガイガーカウンターの上に手をかざすまでの二五分の間に仁科が講演を行ったと考えられるが、その内容については伝えられていない。

講演会に参加した新聞記者や聴衆にとって重要であったのは、仁科の手品＝マジックである。仁科は種明かしをしたはずであるが、聴衆にとってインパクトがあり重要であったのは、仁科が〝放射性人間〟を作ったという偉業、公開実験のスペクタクルであった。

また、これらの記事で「人工ラヂウム」と呼ばれているものは、実際はラジウムではなく、サイクロトロンで加速された重水素核のビームを岩塩に照射して得られる放射性ナトリウム24のことであると考えられる。仁科はこれを水に溶かした放射性ナトリウム溶液を用いて、放射能が植物内でどのように分布するかを調べる実験を生物学者と共同で行っていた。仁科はこの放射性食塩水を聴衆にわかりやすく魅力的に伝えるために、「食塩人工ラヂウム」と呼んでいたと推測できる(21)。

ここで科学の真偽を重視した明治期の科学者たちを思い出したい。そこでは、いってみれば千里眼をめぐって科学者と魔術師の対立が生じていた。一方、仁科ら理研の科学者たちは、国民にとって科学者でありながら魔術師でもあった。両者の違いは、彼らの国民との関わりにおいて最大の関心事の相違に帰せられる。

すなわち千里眼実験を行った科学者は正しい科学知識を伝えることを優先し、人工ラジウム実験を行った科学者は国民に〝魅せる〟ことを優先したのであった。「人工ラヂウム」は、科学者と国民が共に作りあげたイリュージョンであった。

「科学者の自由な楽園」とは

これまで、科学者が真偽を確定するため、自説の正しさを証明するため、あるいは科学者コミュニティー存続のため、国民を巻き込み、公開実験を行ってきた歴史を見てきた。そしてその際、実験を通じて、科学と魔術がせめぎあう様子を見てきた。

千里眼実験、水銀還金実験、人工ラジウム製造実験という、近代日本における三つの実験は、異なる目的を有していた。千里眼実験では、非科学を科学と区別するため、水銀還金実験と人工ラジウム実験においては、どちらも科学研究の有用性をアピールするために実験が行われた。後者二つの実験の母体となったのが理研であることは偶然ではない。研究所として発足した理研は、国民に対して正しい科学知識を伝えることよりも、研究所の意義や理念を知らしめることを優先していた。大学とは異なり教育の義務はない研究者集団にとって、国民は研究資金を得るための間接的なスポンサーであった。理研の科学者たちは、研究の意義を国民に訴えていった。その際、科学者たちは国民の注目を集める印象的な言葉や実験を用いた。彼らは、まるで魔術師のように振る舞ったのである。STAP細胞をめぐって国内史上最大といってもよい科学スキャンダルが起こったのは、この科学と魔術の渾然一体となった「科学者の自由な楽園」の帰結であった(22)。

現代において、科学者と国民の関係は、どれほど変わっただろうか。理研の広報は、どれほど変わっただろうか。今一度思い出しておくべきことは、国民のSTAP細胞への大きな期待(今や幻想といってよい)は、一月の理研の戦略的な記者発表に起因するということである。理研はSTAPの成果を発表する際、科学とは全く関係のない割烹着やムーミン、ピンク色と黄色の壁紙で、小保方晴子という新しい「リケジョ」イメージを作り出した。この広報戦略は大成功を収め、現在に至るまで効力を持っている。一方で国民は、それが科学であろうと魔術であろうと、つかの間の夢を与えてくれる、熱狂の対象となるようなスペクタクルを求めてきた。そのような国民と科学者の関係――スペクタクルを求める国民と、それに阿る科学者――が、今回の問題を拡大させた側面がある。

科学の論理によってその破綻が明らかになった後も、理研はSTAPの「再現実験」に拘っている。理研は何故、再現実験に拘るのだろうか。理研が実験に拘るのは、STAPがあるのかないのか、白黒はっきりさせないといけないという事情があるからだろう。実験によって真偽を確定し、誰にでも分かる形で示さなければ、STAP幻想はなくならないというくらい、国民のSTAPに寄せる関心は大きいものとなっている。とはいえ本章で見てきたように、疑似科学を科学的手続きによって反証することは不可能である。すなわち理研は、疑似科学のパラドックスに陥っている。

理研は二〇一四年七月一日からSTAP現象の検証実験を開始したが、実験総括責任者の相澤慎一は、小保方の実験を監視カメラで撮影することについて、

「世の中にはそこまでやらないと、彼女が魔術を使って不正を持ち込むのではないかという危惧があるのではないか」と述べた(23)。この発言で、相澤が小保方を魔術師と重ねていることは注目に値する。相澤の発言には、小保方の魔術（トリック）を暴くという理研側の本心が隠れているようにも思える。理研の魔術的伝統のなかで作られた小保方晴子というアイコン。彼女が、魔術の疑いを晴らすための実験に従事せざるを得なくなったという事態には、皮肉を感じずにはいられない。STAPの再現実験は恐らく、千里眼実験と同様に、不成功に終わるだろう。しかしSTAPは千里眼と同様に、疑似科学として生き延びるかもしれない。

STAP問題をめぐって設置された研究不正再発防止のための改革委員会は、理研CDBの解体を提言した。これが実行される気配はないが、確実なことは、「科学者の自由な楽園」は、その内部から崩壊しようとしているということだ。

改革委員会が二〇一四年六月一二日に提出した「研究不正再発防止のための提言書」は次のように結ばれている。

研究不正行為は科学者コミュニティの自律的な行動により解明され解決される、という社会の信頼の上に、科学者の自由は保障されるものである。自由な発想が許される科学者（研究者）の楽園を構築すべく、理研が日本のリーダーとして範を示すことが期待される。

科学者たちが研究資金の獲得をめぐってますます凌ぎを削っている現代において、科学者の自由な楽園は、構築可能であろうか。可能であるとしたら、どのような形で構築されうるのだろうか。いずれにしてもそれは、科学者だけに決められる問題ではない。科学者は社会の中で自らの立場を確認し、その存在意義を発信してきた。科学者の存在に意味を与えるのは、社会の構成員としての国民である。社会の構成員である私たち一人ひとりが、科学／科学者とどのように向き合うかが問われている。

第3章　疎外されゆく物理学者たち
――加速器から原子力まで

核エネルギーの解放者

原子爆弾の誕生は、物理学者の社会的地位や発言力を向上させ、物理学者にいわば特権的な地位を与えた。原爆を製造した物理学者は、まるで神のような存在となった。人類初の核実験に成功したとき、ロバート・オッペンハイマーは「我は死神なり、世界の破壊者なり」というヴァガバット・ギーターの一節を思い起こしている。物理学者の当惑とはうらはらに、アメリカでは物理学者たちは偉大な原爆の生みの親として大きな称賛を集め、メディアは物理学者たちをヒーローとして祭り上げた。被爆国となった日本の物理学者たちも、原子力の解説のできる特権的な存在として社会で重宝される。しかし、原爆の生みの親である物理学者が、人類史に輝く偉大な業績によって世間の称賛を受け、重宝された時代はそう長くは続かなかった。

原子力時代の幕開けと同時に浮上したのが、この新しいエネルギーを誰がどのように管理するかという問題である。物理学者たちは、自分たちこそが原子力を管理できるし、すべきであると考えた。しかし現実は物理学者の望むようには進まなかった。一度生み出された核のエネルギーは、物理学者の手を離れ、政治の道具となり、軍事・民事利用されていった。原子力は、まさに力の源泉であった。度重なる核実験が世界を脅かし、核兵器をこの世に送り出した物理学者の責任が問われるようになっていった。原子力をめぐる問題が噴出するなか、核エネルギーを解放した物理学者は、恐るべき科学技術の生みの親として見られるようになっていったのである。物理学者はすでに神のような存在ではなくなった。

そして物理学者は、批判され、糾弾される対象となった。唐木順三は、その遺稿となった『「科学者の社会的責任」についての覚え書』で、物理学者の責任を厳しく追及した[1]。唐木は、物理学の進歩を「絶対悪」と捉え、原爆開発に直接関わった者はもちろん、素粒子やサイクロトロンの実験に直接・間接に関わった者までも、「悪」に引きずり込まれた者ではないかと追及する。

本章では、このようななか、物理学者が原子力をめぐる問題にどのように向き合ったかを検討し、そこから改めて「科学者の社会的責任」を考えたい。移りゆく時代のなかで、物理学者はそれぞれに思索を深め、活動していた。その活動の根底にあったものは、軍事利用にしても、民事利用にしても、原子力を管理（コントロール）しなければならないという責任感であり、欲求であった。しかし物理学者は、原子力を管理することに失敗する。物理学者は、自らが生み出した技術から疎外されていく。さらには、その「社会的責任」が厳しく追及されるようになる。物理学者は何ができて、何ができなかったのか。仁科芳雄、湯川秀樹、田島英三という三人の、それぞれ特徴的な日本の物理学者の例を見ていきたい。

仁科芳雄とサイクロトロン

原子力時代の曙を生きた物理学者が、日本の現代物理学の道を開いた仁科芳雄（一八九〇―一九五一）である。日本の原子核研究は、仁科の先導によって一九三〇年代に本格的にはじめられた。財団法人理化学研究所（以下理研）に開設された原子核研究室で仁科がまず取り組んだのが、円形の粒子加速器サイクロトロンの建設であった。一九三〇年に考案されたサイクロトロンは、荷電粒子に電磁場をかけることで高エネルギーの粒子を作り出すもので、原子核実験において重要な装置となった(2)。サイクロトロンは大型の実験装置であり、その建設に巨額の資金と資材を必要とした。そのため仁科はサイクロトロンの宣伝活動を行い、メディアにもしばしば登場するようになる。仁科は一九四〇年、紀元二千六百年記念理研講演会ではサイクロトロンで生産した「人工ラジウム」を人間に飲ませて「放射性人間」を作るという派手なデモンストレーションまで行っている(3)。

世界一とも報道されていたサイクロトロンは、戦時中には日本の超兵器開発への期待を促すことにもなった(4)。一九四五年一月八日の『朝日新聞』には「科学者　新春の夢」として、湯川秀樹が新春に見たという夢が紹介されている。それは、日本の山中にある巨大サイクロトロンで生み出される〝謎の放射線〟がワシントンを吹き飛ばすというものであった。戦時中、陸軍のニ号研究と海軍のF研究という二つの原爆開発プロジェクトが進行していた。それは、可能性を追求した程度のもので、実際に原爆が製造されるには程遠かった。その費用の多くがサイクロトロンの建設と運用にあてられた。

原爆が戦争中に現実のものとなるとは考えていなかった日本の物理学者たちは、アメリカが原爆を完成し、広島に投下したということを、大きな衝撃とともに知ることになる。八月七日の朝、仁科は陸軍関係者の訪問を受け、広島調査への同行を求められた。その日の夜、仁科が理研所員の玉木英彦に書き残した手紙は次のようにはじまる。「今度のトルーマン声明が事実とすれば吾々「ニ」号研究の関係者は文字通り腹を切る時が来たと思ふ。その時期については広島から帰って話をするからそれ迄東京で待機して待って居って呉れ給へ」(5)。仁科は、アメリカも戦争中には原爆の完成は不可能であると考えており、この予測を陸軍に伝えていた。「腹を切る」という言葉には、原爆を製造できなかったことに加え、敵国の科学技術力を予測できなかったことに対する責任感も込められていたと考えられる(6)。

八月一五日、広島と長崎の調査から理研に戻ってきた仁科の態度は、一変していた。あっけらかんとした様子で、サイクロトロンの調子を尋ねたという。仁科の豹変ぶりは、その場にいた理研所員を驚かせた。原爆を作れなかった責任を感じていた仁科が、責任をとらずに済んだのは、物理学者がおかれた特権的な立場によるものだった。物理学者は、原爆の理論を知っている貴重な専門家であった。投下された爆弾を原爆であったと断定することなど、物理学者にしかできないことであった。被爆地の調査で、仁科は自らの科学知識が必要とされていること、すなわち死んで詫びる必要がないことを知る。そして戦争が終わったことで、科学研究の世界に戻ることができると考えたのだった。

しかし敗戦国の物理学者は、自由に科学研究に戻ることはできなかった。九月二二日に出された連合国軍最高指令官総司令部指令第三号（SCAPPIN 47）には、次のような文言が含まれていた。「日本帝国政府ハ「ウラニウム」ヨリ「ウラニウム」二三五ノ大量分離ヲ來サシムルカ又ハ如何ナル他ノ放射能ヲ有スル安定要素ノ大量分離ヲモ来サシムルコトヲ目的トスル一切ノ研究又ハ応用作業ヲ禁止スベシ」。放射性同位元素の大量分離を禁止するこの指令は、サイクロトロンの使用禁止を意味していた。仁科は、生物、医学、化学、冶金研究のためにサイクロトロンを使用する許可をマッカーサーに求め、一〇月一九日に許可を得るが、米国の統合参謀本部は一〇月三〇日、日本におけるすべての核研究を禁止したWX 79907を出した。これに基づき、陸軍長官パターソンの名義でサイクロトロンの破壊命令が一一月一〇日に出される。そして一一月二四日、当時日本国内にあった理研、阪大、京大の計四つのサイクロトロンが一斉に廃棄された(7)。

サイクロトロンの破壊は、科学を知らない軍部の野蛮行為として、敗戦後の日本の物理学の悲劇として語られてきた。そのようななか、吉岡斉は仁科によるサイクロトロンの利用許可申請がなければサイクロトロンは破壊されなかったであろうという「仁科ヤブヘビ説」を唱えている。戦時中の原爆研究のリーダーとしてマークされていた仁科が執拗にサイクロトロンの使用許可を要求したことが、軍人に危機感を抱かせたというのである(8)。たしかにアメリカのマンハッタン計画ではサイクロトロン用の電磁石を転用して作ったカルトロンという電磁イオン分離装置でウランの濃縮が行われた。また、長崎型原爆に用いられたプルトニウムはサイクロトロンを用いた実験で発見された。サイクロトロンが直接原爆製造にはつながらないとしても、原爆製造においても有用な装置であるということは事実であった。実際仁科はサイクロトロンの建設と運用のために露骨なほどの宣伝活動を行っていた。一九三〇年代は人工ラジウムの生産を可能にする装置として、戦時中には原子エネルギー解放に必須な装置として。そして戦後には、研究のためのアイソトープを生産する装置として、その必要性をGHQに訴えたのだった。その熱心な行為の先にあったのがサイクロトロンの破壊であった。仁科はその物理学研究に向ける情熱ゆえ、自らを研究から疎外する結果となった。

サイクロトロンの破壊は仁科に、原爆投下と敗戦以上の衝撃を与えた(9)。失意のなか、仁科は日本における科学研究の再開のために骨を折った(10)。戦後の仁科は原子力と平和について深く考え、原子力の国際管理を訴えていく(11)。彼のメディアにおける原子力に関する発言は、それ以前のような人々に夢を与えるものではなく、巷に広がる原子力への期待を打ち消すようなものとなった。仁科はしばしば、原子力の研究は核エネルギーだけではなく、放射性同位体を用いた医学・生物学の研究もあることを伝え、これらの方面の研究の必要性を訴えた。戦後の仁科の発言は、当時の科学研究を取り巻く困難な状況を反映したものであり、彼の役割の変化によるものであった。戦前に財団や国民に対して宣伝活動をしていた仁科は、戦後はアメリカを相手に交渉に奔走することとなる。サイクロトロンが破壊され、思うように研究もできないなか、国民に売る夢も、夢を売る必要もなくなったのである(12)。

湯川秀樹と核兵器廃絶運動

戦後日本の人々に大きな夢を与えたのが、一九四九年の湯川秀樹（一九〇七―一九八一）のノーベル賞受賞である。一一月五日の『読売新聞』は、「湯川博士受賞を意義あらしめよ」として、「世界文明の上にそのような大きな意味をもつ原子力理論の磁石が、日本の科学者によっておかれたことは特別の注意を払われてよい」と記している。メディアは、「原子力」の研究が「日本の科学者」によって先鞭がつけられていたことを伝えた。湯川のノーベル賞は多くの子どもが物理学の世界を志すきっかけとなった。その熱狂は、原子力への熱狂ともリンクしていた。原子核に関する科学書が多く出版され、そのなかでも原子力によるユートピア的な未来像が喧伝された。

湯川自身はどのように原子力に向き合ったのだろうか。湯川は、科学者として、人間として生きることを深く考え、原子力の問題に関わらざるを得なくなった物理学者であった。一九三五年に中間子論を発表し、一九四九年に日本人初のノーベル賞を受賞した湯川は、原子核の理論研究をしていたことで、その応用である原子力の問題に巻き込まれていく。とりわけ湯川が原子力の問題と関わるようになったのは、一九五四年以降のことである。

サンフランシスコ講和条約で日本が主権を回復し、科学研究においても制限が撤廃されると、物理学者のあいだで原子力をめぐる議論が活発になされるようになる。この時、物理学者たちは、原子力は自分たちの管轄であると考えていた。まさか自分たちが関与しないところで原子力が実用化されることはないと考えていたところに降ってきたのが、一九五四年三月の原子力予算の通過であった。物理学者たちは、原子力の問題について、自らが主導権を握り、牽引しようとした(13)。そうしてできたのが、自主・民主・公開の原子力三原則である。

湯川は、一九五四年に書いた「原子力問題と科学の本質」という文章で、その年の三月から原子力の問題が身近になり、「私のように一般世間と程遠い研究をしているものでも、今までより一層頻繁に、いろいろな会合や講演などに引っぱり出される結果となり、問題が問題なので断りかねている次第である」と記している(14)。あくまで基礎研究を重視していた湯川は、人類が原子力時代に入る第一歩となった核分裂の発見以降、原子物理学の進む道は、今まで原子物理学者の歩んできた本街道の延長である「原子核に関する基礎研究の道」と、いわば本街道から分れた一つの枝道である「原子核に関する知識や技術を人間社会に応用してゆく方向」の二つに分かれたという。湯川は、物理学にとって真理の探究というべき基礎研究が一番重要であると強調しながらも、「しかし原子力問題の持つ切実さ深刻さの根源は、原子力研究が応用研究であるところにある。(略)科学の応用が人類に感謝される成果を生みだすか。あるいは反対に人類の恐怖の対象となるか、科学の本街道からの分れ道が天国への道になるか地獄への道になるか、科学者としてまた人間として、私は何度も反省をくりかえしているのである」と記している。

湯川は原子力の平和利用はすべきであると考えていたが、それには日本の科学者・技術者が独自に原子炉を開発することが重要だと考えていた。そして一九五六年一月、総理府の附属機関として原子力委員会が設置されると、請われてその委員となった。正力松太郎を委員長に、委員には、湯川のほかに石川一郎、藤岡由夫、有澤廣巳が名を連ねた。しかし、五年以内に原子力発電を実現したいという正力案は原子炉の海外からの輸入を意味していた。これは原子力三原則の「自主」に反することであり、ゆっくり時間をかけて独自に原子力を開発すべきだと考えていた湯川には到底納得できないことであった。一九五七年三月、湯川は健康問題を理由に原子力委員会に辞表を提出。同時期に湯川は、関西研究用原子炉設置の準備委員長の辞意も表明している。湯川は、発電用原子炉の輸入には反対していたものの、国内で自主的に原子力発電を開発するために必要な研究用原子炉の設置にも困難を極めていたという苦境に立たされていた。

一九五四年にマグロ漁船第五福竜丸がビキニ環礁でアメリカの核実験に遭遇して「死の灰」を浴びたことに端を発するビキニ事件で、放射能への恐怖が国民のあいだに広まっていた。その記憶の冷めやらぬ一九五六年、宇治に予定されていた研究用原子炉設置に対する住民の反対運動が起こる。反対運動は翌年四月に絶頂に達し、宇治への設置は放棄された(15)。廣重徹は、「原子炉設置問題において根強い住民運動の原動力となった放射能危害への恐れはといえば、それはビキニ事件以来の科学者の啓蒙活動によって植えつけられたのであった」と指摘する(16)。皮肉な状況が生じていた。科学者と国民がともに放射能汚染に立ち向かったビキニ事件からわずか二年、両者の利害は対立し、敵対関係に陥ったのである。

　政財界とも市民とも折り合いのつけられなかった湯川が向かったのが、核兵器廃絶運動であった。一九五七年七月、湯川は科学者が核兵器と戦争の廃絶を討議するために集った第一回パグウォッシュ会議に参加する。彼がその後記した「科学者の責任――パグウォッシュ会議の感想」という文章によれば、湯川は「今度のパグウォッシュの科学者の会合ほど、私に取って苦手の会議はなかった。自分の専門でもないことについて、声を大きくして論争する勇気は、残念ながら持ちあわしていなかった」が、問題の重要性から、健康問題を二の次として、出かけることにしたという(17)。そこで印象に残ったことは、「この声明の中で、細部まで含んでほとんど異論がなかったと思われるのは、科学者の社会的責任に関する部分であった。特に同じ一つの真理を追求する各国の科学者が、あらゆる他の相違にかかわらず、手をたずさえて、さまざまな形態の社会に住む人たちの相互理解と平和的共存のために、ささやかな貢献をしたいという気持は、出席者のすべてに共通するところのものであった」ということだ（傍点引用者）。湯川は健康問題を理由に原子力委員と関西発電用原子炉設置委員長を退任したが、パグウォッシュまで行く気力は残っていた。いやむしろ、国内の原子力問題にうまく対応できなかったため、救いを世界の科学者との連帯に求めたのではないだろうか。そして湯川は核兵器廃絶運動にのめり込んでいく。一九六二年、湯川、朝永振一朗、坂田昌一の呼びかけで第一回科学者京都会議が開催された。

自らも科学者運動に関わっていた科学史家の廣重徹は、原子力に関連する科学者の運動を、「核兵器禁止運動につらなるもの」と「日本で原子力の研究および開発をおこなうべきか否か、おこなうとすればどのような形態でおこなうべきか、をめぐって進められた運動」という二つのカテゴリーに区別し、「原子力問題」とよばれる後者を考察している。その理由として、前者は高く評価されるに値するが、核兵器禁止運動においては科学者だけではなく市民の平和への意志を含めた平和運動の一環として捉える必要があるからだとしている(18)。この二つを異なるものとして捉えることは重要である。湯川は、原子力問題で思うように動けず、それでも物理学者としての「社会的責任」を果たすため、核兵器廃絶運動へと向かったのではないか。そこでは、市民とではなく科学者と連帯することとなった。核兵器廃絶運動は、原子力時代に湯川が物理学者としてのアイデンティティをもち続けることのできる、最後の砦であった。

これまで湯川が原子力問題から核廃絶運動へと向かったことを見たが、この間も湯川は、彼が物理学の本流と考えていた原子核・素粒子をめぐる基礎研究――理論と実験どちらも含む――の発展に尽力していた。そもそも湯川のノーベル賞受賞は、湯川が一九三五年に理論的に予測していた中間子が一九四七年に実験で発見されたことで与えられた。加速器は原子核・素粒子実験において重要な装置であるが、加速器で生成することのできる粒子は、その大きさに規定される。戦前に仁科芳雄が六〇インチという大きなサイクロトロンを建設していたのは、湯川が予測していた中間子を実証したいという思いがあったからだとされる(19)。

実験装置が大きければ大きいほど、より多くの新しい素粒子を見つけることができ、新粒子を見つけることができる。そのため湯川は、日本における大型加速器の建設を支援していた。一九六二年にようやく、原子核研究所の電子シンクロトロンで、国内で初めて中間子が作り出された。湯川は、四月一二日の『北海道新聞』や『神戸新聞』などに掲載された文章で、新粒子の発見の競争に日本が立ち遅れているとして、「日本の素粒子の研究者たちは、実験家であると理論家であるとを問わず、こういう状態で満足していたわけではない。ただ各種の素粒子を作り出せる大きな加速器の建設に、巨大な経費が必要なので、戦後の日本の国力を考えて、遠慮し続けてきたのである。しかし、遠慮が過ぎれば科学者としてはたさなければならない本来の義務を怠ることにもなる。そこで二、三年ほど前から原子核研究者たちが自主的に将来計画をたて、その実現に努力しつつある」と、日本における素粒子の実験的研究の前途への希望を表明している。

しかし湯川はほどなくして、巨大な加速器や計算機が、科学研究を人間から奪い、物理学を袋小路に追い込んでいるという見解を示すようになる。湯川は一九六四年、「相当数の優秀な理論物理学者が束になってかかっても、大加速器との太刀打ちがむつかしい状態にある」、「大加速器はいつまでたっても万能になり得ないことは明らかである」などと物理学の現状を嘆いている(20)。一九六八年にも、現代は巨大化の時代であるとして、「こうしたことは、もはや、人間疎外というような生易しいことではなく、人間否定へとつながってゆく」との見方を示している(21)。湯川は、巨大装置に頼らざるを得なくなった物理学の世界からも疎外されていった。政治と金と物質の支配する現世に背を向け、核兵器のない理想世界の追求に向かった。

田島英三と原子力行政

湯川とは逆に、原子力行政の世界に深く関与した物理学者の一人に、原子核研究から放射線影響研究の世界に入った田島英三(一九一三―一九九八)がいる。田島は、東京文理科大学で物理学を学び、卒業した一九三八年に理化学研究所に入所、嵯峨根遼吉の助手となりサイクロトロンの調整にあたった。戦後は原爆被災地の調査にあたり、一九四九年から翌年までシカゴ大学フェルミ原子核研究所研究員、一九五三年に立教大学理学部教授となる。田島は原子力行政に深く関わった物理学者であった。一九五六年から翌年まで国連科学委員会科学担当官、一九七二年から七四年まで原子力委員会委員、一九七八年から八七年まで原子力安全委員会会員、一九八八年からは原子力安全研究協会理事長を歴任している。田島はその生涯を率直に綴った回顧録を残している(22)。回顧録を手がかりに、田島と原子力の関わりを検討したい(23)。

田島は一九六一年に原子力委員会の下部組織である原子炉安全専門審査会の委員に任命され、熊取にできた京都大学の研究用原子炉施設の担当となった。ところが、当時は何をもって許可し、何をもって不許可とするかの基準がはっきりしていなかったのに、「「安全である」と判断し、「安全」の審査結果を出さねばならず、誠に割りきれない気持だった」として、それに耐えられずに一期で委員を辞任している(24)。田島はまた、一九七二年に原子力委員に就任するが、一九七四年に辞任している(25)。田島が原子力委員になって最初に遭遇した問題は、伊方原子力発電所の原子炉設置の許認可に際し、温排水の影響を原子炉安全専門委員会で議論したか否かという問題であった。審査会では放射線以外の安全性について審査をしていないにもかかわらず、原子力委員会では温排水影響の審査を行ったという統一見解を出したのであった。田島は、「事務局が用意した資料について説明をうけ、ほとんど議論も修正もなしに承認される議案ばかりであった。私はこの頃から原子力委員会について疑問を抱くようになった」という。結論ありきの原子力委員会のやり方に、議論を重ねたうえで納得できる共通見解を導こうとする物理学者はなじまなかった。

以上は安全問題を重視する田島の正義感を示すエピソードといえる。ところが次のエピソードからは、また異なる田島の顔が見えてくる。田島は一九七九年のオイルショックに際し、大同石油株式会社の取締役で原子力産業会議の副会長をしていた松根宗一から「オイルショックを乗り切る為には、原子力の平和利用に頼るしかない。ところが一般大衆は原子力の安全性に対して強い不安を持っている。これを解消することが目下の最重要課題である。そこで産業界はいくらでも金を出すから、これなら一般大衆が安心であると納得のゆくような研究計画を立案してくれ」との要請を受けた。田島は、「金には糸目をつけず、内容は科学者・技術者に一切まかせる」ということに感心し、「これは素晴らしい提案だと私は思った」と記している。そして田島が考えたのは、原子炉がどんな地震でも大丈夫であることを証明できれば、国民の不安は解消するということであった。田島のこの述懐は興味深いものである。安全を蔑ろにする原子力委員会に抗議していた田島が、原子力安全神話の構築に加担しようとしている。ここで田島が松根の提案を素晴らしいと感じたのは、科学者・技術者に任せるという点であろう。そもそも田島が原子力委員を辞任したのは、原子力委員に安全問題の専門家をいれるという自分が提案していた案が無視されたからであった。田島にとって重要なのは、正しいはずの自らの意見が聞き入れられることであった。ここに、原子力行政に関与したいという思いゆえに、結論ありきの原子力推進の構造に取り込まれてしまう物理学者の姿が見えてくる。

松根の提案を受け、田島らは予算数百億円規模の大プロジェクトを立案、通産省が主体となってその計画が実行されることとなる。それが多度津の工学試験所の設置であった(26)。多度津火力発電所予定地に設置されることになった大型加振架台の建設現場をたびたび訪れた彼は、その巨大さに驚き「ハアー」と声をあげるだけだった。一九八三年に行われた多度津の工学試験センターの開所式では、「この段階ではまだこの施設の有効性がわからないので、誇らしげに大いに胸を張るという気持ちにはなれず、ひたすら今後の活動を祈るばかりであった」という。自分たちが計画立案したことなのに、それが実現されるにあたって、全く他人事になっている。とはいえこれは田島を批判する理由にはあたらないかもしれない。他人事にならざるを得ない、物理学と工学の相違がそこにはある。そもそも原子炉の建設と運用は、いくつもの分野の専門知があって可能になるものである。実際のところ、原子力行政にかかわる物理学者に求められていたのは、政財界の主導で進められる計画に、ゴーサインを出すことであった。ある局面で物理学者の知識は必要とされた。それはあくまでも、原子力の推進に必要とされる部分だけであった。

原子力安全委員会については、田島は一九七八年から八七年までと比較的長く委員にとどまっているが、その実態については次のようなエピソードを紹介している。原子力発電所立地での公開ヒアリングを幾度も重ねたがうまくいかず、ついに文書方式となったこと。スリーマイル島の原発事故を受け、「原子力発電所周辺防災対策専門部会」を設置したが、毎回の会議では一定の結論が出るのに、次回の会議に提出される議事録には、その結論が抹殺されているという経験をしたこと。一九八一年には無風状態となり、打ち合わせの休会が四回続いたとき、四月一八日に敦賀発電所の放射能漏洩事故が起こりやるべき仕事ができたこと。四月三〇日に「安全宣言」を発表したものの、事件に対して原子力安全委員会がどう行動するかについて意見がまとまらず、委員長を除く四人の安全委員が現地視察したのは事故から一ヶ月近く経った五月九日のことだったこと。試行錯誤を繰り返していた――有効に機能していなかったらしい――ことがわかる。

これまで見てきたように、田島は原子力の問題に積極的に取り組んできた。田島は、正義感をもった物理学者であっただろう。田島の人生に決定的な影響を与えたのは、一九五四年に起きたビキニ事件であった。田島は、ビキニ事件に際して放射線影響の専門家として目立った活動を行い、厚生省、文部省、水産庁、学術会議がそれぞれ設置した委員会にも参加している。日米政府が事件の幕引きを図った会議として知られる一一月に開催された日米放射能会議にも出席した田島は、「建前は科学的な意見の交換ということであったが、実際は日本側がアメリカ側から知識を吸収するためのものだった。（略）会議を境にしてニュースメディアの放射能雨や汚染マグロの取扱いは遙かに科学的になり、水産庁は一二月二五日以降マグロの検査を中止し、社会不安は急速に収束の方向に向かった」と記している。日米放射能会議への田島の率直な見解からは、彼がその後原子力行政の世界に求められていく理由の一端がうかがえるようである。

「科学者の社会的責任」を考える

これまで仁科芳雄、湯川秀樹、田島英三が原子力をめぐる問題にどのように関わったか、その一端を見てきた。科学研究の必要性を積極的にアピールしていた仁科は、その情熱ゆえ、サイクロトロン破壊の憂き目にあい、科学者としての自らを疎外する結果となった。仁科は原子力が平和のために利用されることを願い、核の国際管理を訴えたが、被占領国の物理学者にできることは少なかった。湯川は原子力行政と物理学研究から疎外されていく。そのようななか、核兵器廃絶運動へと向かい、世界の科学者と「科学者の社会的責任」というスローガンのもと連帯する。原子力行政に関わった田島は、定められていない安全基準をめぐって苦労した。さらには、技術的な事柄は他人任せとならざるを得なかった。三人の姿からは、物理学とその応用が、物理学者の手に負えないものとなっていったことが見えてくる。

彼らに共通することは、その社会的責任を強く感じていたであろうということだ。それぞれ、原子力時代に平和な世界をどのように築くかを考え、行動していた。倫理観も正義感ももった物理学者であった。それと同時に、物理学者としての矜持を保とうとしていた。ここで考えたいのは、「科学者の社会的責任」という言葉の裏表である。「科学者の社会的責任」は、一九五七年のパグウォッシュ会議のときに標語となった言葉である。この時、この言葉が意味したものは、原子力を解放した科学者がこの技術に対して制限を加えなければならない、というものであった。すなわち、「科学者の社会的責任」は、原爆の生みの親である物理学者が、その親としての権利を主張した理念であったともいえる。この言葉はその後、「科学者の社会的責任を問う」という形で科学者自身に跳ね返ってくることになる。

物理学者の責任が問われるようになったのは、原子力が人々の生活を脅かすようになり、人類の平和と繁栄をもたらすわけではないことが明らかになったからである。しかし、そのような形での原子力利用を主導したのは、物理学者ではなかった。そもそも原爆製造において中心的な役割を担ったのは物理学者ではあるが、その時代に原爆を求め、支援したのは戦時国家であった(27)。原子力が解放された時、それが平和裏に利用されると人々は信じ、物理学者は称賛を集めた。ビキニ事件の際、日本の物理学者は社会に求められ、活躍した。しかし、原子力行政においては、ブレーキ役となる物理学者は必要とされていなかった。さらには原子炉の立地問題や原子力技術をめぐるさまざまな問題が出てくると、批判の鉾先が物理学者に向けられていった。

ここである程度の確信をもっていえるのは、次のようなことである。おそらく物理学者は、望むものを実現してくれる、交換可能な道具として、社会に必要とされてきた。物理学者は、有用なものを生み出し、有用な情報を与えてくれる存在である限りにおいて、社会に求められてきたのである。そうでなくなった時、物理学者は必要とされなくなる。物理学者はむろん神などではなく、世界の交換可能な一部であった。

物理学者は、社会に理解されない被害者なのだろうか。一九八二年四月、朝日新聞社の主催で開催された国際シンポジウム「科学と人間」の席上で、文明批評家のイヴァン・イリイチは、「国民が科学者に求めるべきことは、社会問題とかかわりのある専門的なことがらについて、だれもがわかるようなことばで明確に説明してもらうこと」としたうえで、「そのような市民としての責務を果たしたうえで、［科学者は］口を閉ざすべきですし、あるいは口を封じなければいけません。その時点で科学者を沈黙させることは、社会を動かしていくうえでは重要なことです。そうでないと、科学者は、破滅をもたらしかねない」と発言している（傍点引用者）(28)。この発言は、科学者批判とも受け取れる。しかしイリイチは、科学者を悪人だと考えていたわけではない。彼は、道具が発達した結果、多くの人々を逆にその目的から遠ざけてしまう「非生産性」という概念を提唱し、大きな脅威が悪意よりもむしろ善意によってもたらされることを指摘した。さらには、原子爆弾のような大きな悪について語ることが、「みずからの心を焼き尽くしてしまう」危険性に言及している(29)。

　イリイチの指摘は、物理学者の疎外を考えるうえで示唆的である。物理学者は単なる被害者ではない。繰り返すが、「科学者の社会的責任」という言葉は、科学者内部から出てきた言葉であった。パグウォッシュ会議では、核エネルギーを解放した物理学者自身が、この利用を制限・管理しようとして用いた。しかし物理学者が核エネルギーを管理・制限することは、不可能であった。原子力は誰にも管理できないことが、今や明らかになっている。そのようなものを管理しようとしたことこそ、物理学者自身を苦しめ、疎外していくことにつながった。それは原子力の生みの親である物理学者の不幸であり、良心をもった物理学者の不幸であった。そしてこの、科学者の「良心」こそが問題であった。先に仁科、湯川、田島が倫理観や正義感をもった物理学者であったと述べた。重要なことは、物理学者の倫理や正義が常に他者のそれと同じわけではない、ということである。田島のエピソードから垣間見えるように、正義感が空回りすることもある。正義は一つではなく、良心が常に正しい方向に世の中を導くわけではない。物理学者の栄光と挫折は、そのことを教えてくれる。

翻って現代はどうか。三・一一原発事故以降、多くの物理学者が社会的発信を行ってきた。低線量被ばくに関して、「安全派」と「危険派」が出現し、終わらない論争が続いている。人々は、科学者の情報提供を必要としている。そして科学者は、人々のためにという気持ちで、放射線被ばくに関する社会的発信を行っている。その行為は善意や責任感に支えられているといえる。しかし自らの能力を超えて、科学で答えられない問題に答えを出そうとする行為が時に混乱を巻き起こし、批判の対象ともなっている。いま必要なのは、科学者の社会的責任を問うだけでなく、科学者を道具的に用いてきた社会のありようを、私たち一人ひとりが問いなおすことだろう。

第II部
メフィストの誘惑
――いつまで「人間」でいられるのか？

メフィストフェレス

海をずうっと沖まで泳いでいって、
どっちを向いても果てしがねえって場所でも、
波、またその向こうの波は、見えるよねぇ？
たとえ、あっぷあっぷ溺れそうなときでも、
とにかく何かは見えるわけだ。凪いだ緑の海原を
跳ねていくイルカもいるかもしれない。
それに、雲の動きや太陽、月、星々……。
ところが、永遠の虚空のなかでは、何にも見えないんだ。
自分の足音さえしやしない。
そもそも足元の地面だってないのさ。

ファウスト

魔法の導師といったところか。

そうやって昔から、生真面目な弟子たちが、虚空を掴まされてきたんだ。
だが、今回は逆だ。お前が私を虚空へと送り出すのは、
私がそこで力と技を増すためさ。
お前は私に、昔話の猫みたいに
火の中の栗を拾わせようとしているが、
よかろう、それを舐めつくしてやろうじゃないか。
お前が空虚と呼ぶものの中に、私は全宇宙を見出してやる。

（ゲーテ『ファウスト』「暗い回廊」六二三九―六二五六）

メフィストが空虚とよぶもののなかに全宇宙を見出そうとするファウスト。これからファウストは時空の旅と美女ヘレナの奪還を経て、大規模な干拓事業に取り組む。ファウストの探究はどこにつながるのだろうか。自らを取り巻く環境と、その存在自体を変容させてきた私たちは、いつまで「人間」であり続けられるのだろうか。

第4章　ノイマン博士の異常な愛情
――またはマッド・サイエンティストの夢と現実

マッド・サイエンティスト、ノイマン

スタンリー・キューブリック監督の映画『博士の異常な愛情、または私は如何にして心配するのを止めて水爆を愛するようになったか』は、キューバ危機後の一九六四年に公開され、大ヒットを記録した。核時代を風刺したこの映画でとりわけ異彩を放ったのが、水爆を愛してやまないストレンジラヴ博士である。ルイス・マンフォードは『ニューヨーク・タイムズ』においてこの映画を科学的に組織された大量殺戮の悪夢の主要なシンボルだとして、この悪夢がストレンジラヴ

博士に表出していると述べた(1)。ストレンジラヴ博士は、二〇世紀のマッド・サイエンティストを代表する存在といってよい。そのストレンジラヴ博士のモデルの一人と目されるのが、フォン・ノイマンである。

よく知られているようにノイマンは、コンピューターの誕生に大きく寄与しただけでなく、核兵器開発においても重要な役割を果たした。「コンピューターが爆弾を導き、爆弾がコンピューターを導いた」とは科学史家ジョージ・ダイソンの言葉だが、コンピューター開発と核兵器開発の歴史は切り離すことができない(2)。ノイマンは一体どのような経緯で核兵器開発に関わり、マッド・サイエンティストと重ねあわせられるようになったのだろうか。本章では、想像上のマッド・サイエンティストと実際のマッド・サイエンティストノイマンの共有点を探り、彼らが生み出された文化・社会背景を考えていきたい。

ストレンジラヴ（または異常愛）博士

はじめに、『博士の異常な愛情』のあらすじを確認しておく。この映画は、反共主義者であるジャック・D・リッパー将軍が、ソ連に核攻撃をする命令を出し、空軍基地に立てこもるところからはじまる。リッパー将軍は、大切な体液が共産主義者によって汚染されているという考えに取り憑かれていた。リッパー将軍の暴走を知ったアメリカ政府首脳は対策本部を設け、爆撃機を呼び戻す努力をするが、爆撃機は一旦司令を受けると外部との通信を断つシステムになっていた。アメリカ大統領はソ連首相にこの事実を伝え爆撃機を撃ち落とすよう頼むが、そこで驚くべき事実を知らされる。ソ連はちょうど、「皆殺し」装置（Doomsday device）を一週間前に完成させ、実戦配備していたのだ。この「皆殺し」装置は、ソ連領土が一度核攻撃を受けると自動的に作動し、全人類を殺傷する放射能を撒き散らすというものであった。つまり、アメリカの爆撃機がソ連に核爆弾を落とせば、全人類が滅亡してしまうのである。この「皆殺し」装置をアメリカも作っているとソ連首相から聞かされたアメリカ大統領に説明を求められて登場するのが、ストレンジラヴ博士である。博士は嬉々として、アメリカも「皆殺し」装置（Doomsday machine）の開発を昨年ブランド社に依頼したところであったと語る。博士の説明するこの装置の特徴は、爆発を機械——巨大コンピューター群——に任せることで、人間的な失敗を排除するというものだ。映画の終盤、政府首脳の努力むなしく水爆がソ連に投下されてしまうと、博士はいよいよ興奮し、コンピューターによって選ばれた人間を巨大な地下坑道に移住させることで人類が生き延びることができると演説する。

一風変わったキャラクターであるストレンジラヴ博士は、映画を見たものに強烈なインパクトを与える。人々はこのマッド・サイエンティストが実在の人物をモデルにしているのではないかと推測した。冷戦期にはそのように推測される人物が幾人もいた。ノイマンのほか、V2の開発者ヴェルナー・フォン・ブラウン、水爆の開発者エドワード・テラー、軍事戦略家ハーマン・カーン、さらには政治家のロバート・マクナマラ、ヘンリー・キッシンジャーなどがストレンジラヴ博士のモデルではないかと推測された。なかでも有力なモデルとされたのは、フォン・ブラウン、テラー、ノイマンである。彼ら三人の科学者には、ヨーロッパからの亡命科学者であり、第二次世界大戦中から冷戦期にかけて驚くべき効果をもつ新兵器を開発したという共通点がある(3)。ノイマンとテラーは共にユダヤ系ハンガリー人で、ナチスの台頭を機に渡ったアメリカで軍事科学に関わるようになった。フォン・ブラウンはドイツでV2ロケットを開発した後、ドイツが敗戦するとペーパークリップ作戦によりアメリカへ連れて行かれ、ロケット開発の中心人物として活躍した。

彼らの存在は、科学と社会の関係を考える上で大きな問題を投げかけている。彼らは時代に翻弄された科学者なのか、あるいは極端に道徳心を欠いた科学者なのか。それをここで論じるのは手に余る。確認しておきたいことは、マッド・サイエンティストとみなされる科学者たちにも、それぞれの論理や倫理があったということだ。私たちはマッド・サイエンティストを、単なる悪者だと考えて安心していないだろうか。

マッド・サイエンティストは意外に身近な存在である。ここでマッド・サイエンティストという存在を考えるために、その系譜を辿ってみたい。彼らは一体どのような特徴を備えているのだろうか。

マッド・サイエンティストの系譜

ファウスト、フランケンシュタイン、ジキル、タイム・トラベラー、モロー、透明人間、キュプロークス、カリガリ、ストレンジラヴ……想像上の有名な科学者たちは往々にしてマッド・サイエンティストである。西洋の小説や映画に描かれた科学者像を検討したロズリン・ヘインズによれば、描かれた科学者は、錬金術師、愚かな収集家、冷酷人間、英雄的冒険家、無力な科学者、理想主義者という六つのステレオタイプに分類できる。そしてこれらのステレオタイプの多くは、ネガティブな科学者（マッド・サイエンティスト）である(4)。

最も早くにあらわれた科学者像は錬金術師であった。錬金術師は、その歴史においてさまざまな地域でそれぞれの変遷を遂げているが、主に卑金属から貴金属を精製することを目的としながら、自然界に秘められた謎の解明を行った。彼らはまた、ホモンクルスと名付ける人造人間の製造も目指した。創造の神秘への挑戦はユダヤ教のゴーレム伝説とも結びついた。

この錬金術師型マッド・サイエンティスト像の原型といえるのが、ファウストである。ファウストのモデルとなったのは、一四八〇年にドイツのクニットリンゲンで生まれたヨハン・ゲオルグ・ファウストとされている。魔法や催眠術を使ういんちき医者として、あるいは錬金術師として知られていたファウストは、各地を旅しさまざまな階層の人々と関わるなかで、大きなインパクトを与えた。そしてファウストをめぐる伝説が生まれた。さまざまに語られていたファウスト伝説をまとめたものが、一五八七年にヨーハン・シュピースによって出版された『実伝　ヨハン・ファウスト博士（Historia von D. Johann Fausten）』（通称ファウスト本）である。本書は出版された後すぐに売れきれ、三ヶ月で五回も増刷された(5)。この書においてファウストは、神が与えた人類の知の限界を越えることを望み、そのために悪魔と契約を結ぶ。そして彼は様々な魔法的力を手に入れる。悪魔との契約が切れた時、ファウストは凄惨な死を遂げる。契約が切れた翌朝、血だらけになったファウストの部屋に残っていたのは目玉と歯だけで、外には滅茶苦茶になった遺体があった。

悪魔メフィストに魂を売り渡したファウストは、説明できない類の力が魔法とされ忌避された時代の科学者像である。一六世紀ヨーロッパにおいて宗教改革がおこり、魔女狩りが盛んであったことを忘れてはならない。ファウストの死は錬金術の失敗による爆死であったという説もあるが、いずれにせよファウストの凄惨な死は、彼の生前の行為への罰として捉えられた。ファウスト本は「範例」となるべき教訓を盛り込んだ娯楽的な歴史物語であった「ヒストリア」というジャンルに属する(6)。そこでのファウストは、「悪しき見本」として描かれた。しかし彼は同時に、人々を魅了する憧れの存在でもあった(7)。つまりファウストは、この世の秘密を探究したいという欲望と、そのような欲望を持つことが倫理的によくないというジレンマを体現する存在であった。

ファウストにおいて「魔術」とされたものは、「科学」へと姿を変えていく(8)。中世の魔術師、錬金術師は、自然哲学者、そして近代的な科学者へと変貌していった。その背景には、「知は力なり」と主張したフランシス・ベイコン、力学の基礎を築いたアイザック・ニュートンらの登場があった。肯定的な科学者像においてとりわけ重要な役割を果たしたニュートンも錬金術師としての側面を持っていたが、ニュートンが獲得した科学者像は、マッド・サイエンティストとはかけ離れたものであった。正義の科学者像がここに生まれた(9)。

ところが正義の科学者の時代は長くは続かない。一八世紀末から一九世紀にかけておこった産業革命は労働環境の悪化や深刻な公害を生み出し、機械によって仕事を奪われることを危惧した人々による機械の打ち壊し運動——ラッダイト運動——がおこる。メアリー・シェリーは一八一八年に発表した『フランケンシュタイン』で、人造生物(怪物)とその生みの親であるフランケンシュタイン博士との悲劇的関係を描いた。一九世紀にはSFというジャンルが登場し、ジュール・ヴェルヌが英雄的冒険家として科学者を描く一方で、H・G・ウェルズがマッド・サイエンティストを描いた。一九世紀末から二〇世紀前半に、大衆文化においてはフランケンシュタインが幾度もリメイクされ、タイム・トラベラー、モロー、透明人間、キュプロークス、カリガリをはじめとして、多くのマッド・サイエンティストが生み出された。この時期にマッド・サイエンティストが多く生み出された背景には、科学技術の進展によって社会に急激な変化が生じていたことがあげられる。そのような変化への不安が、想像上のマッド・サイエンティストを生み出した。いいかえればマッド・サイエンティストには、科学技術によって世の中が悪しき方向へと導かれることへの人々の不安が投影されている。

人々の不安を投影したマッド・サイエンティストは、単なる悪人ではない。彼らは、好奇心と倫理感のジレンマ、あるいは人間と機械の相克といった、引き裂かれたアイデンティティを体現する存在であった。精神分析家のフロイトは一九一九年に発表した論文「不気味なもの（The "Uncanny"）」で、身体から分離した手のイメージは引き裂かれたアイデンティティの象徴であると論じたが、一九二七年に公開されたフリッツ・ラング監督の『メトロポリス』に登場するロトヴァングは、義手を持ったマッド・サイエンティストであった(10)。すなわちロトヴァングの義手は、科学者の引き裂かれたアイデンティティを象徴している。ストレンジラヴ博士もまた、自由に制御できない右手を持っていた。彼は水爆がソ連に投下されると右手がコントロールできなくなり、しまいには自分の首をしめそうになる(11)。

二〇世紀のファウスト

引き裂かれたアイデンティティを体現するマッド・サイエンティストは、科学者のアイデンティティを考える上で重要である。科学者たちもまた、マッド・サイエンティストに心を惹かれていた。とりわけ二〇世紀の科学者たちが惹かれたのは、悪魔と契約をしたファウストである。ファウストは『実伝　ヨハン・ファウスト博士』以降、さまざまにリメイクされ読まれ続けていた。幼少期からファウストの人形芝居やファウスト本に親しんでいたゲーテが戯曲『ファウスト』の

第一部を発表したのは一八〇八年である。ゲーテは死の直前までファウストを書き続け、死の翌年の一八三三年に第二部が発表された。

ゲーテの死後一〇〇年を迎えた一九三二年の春、コペンハーゲンのニールス・ボーア研究室では、若い物理学者たちがゲーテの『ファウスト』を当時の物理学の世界におきかえた演劇『ブリーダムスヴィー・ファウスト』を公演した(12)。チャドウィックによる中性子の発見が報告されたほんの二ヶ月後に演じられたこの劇は、劇的な変化の最中にあった量子力学の世界を表現していた(13)。実は中性子が発見される前に、パウリによって質量と電荷を持たない中性の粒子(ニュートリノ)の存在が予測されていた。パウリはこれを中性子と名付けていたが、質量を持つほんとうの中性子の発見によって、中性微子へと名称を変更することとすることとなった。物理学者たちは、パウリの提唱した中性微子をグレートヒェンに、中性微子に懐疑的な態度をとっていたエーレンフェストをファウストに、エーレンフェストに中性微子を売り込もうとするパウリをメフィストに見立てた。

この劇で注目すべきは、ファウストとメフィストの契約である。ゲーテのファウストとは異なり、ファウスト（エーレンフェスト）はメフィスト（パウリ）と契約を結ばず、「私の足跡は、偉人の間にのこり、消えることはない、第四の国家の年代記の中に。このような高い幸運を予感しながら、私はいま自分のものとなったこの瞬間を楽しんでいる！」と言い残して死んでしまう。ファウストの死体は新聞記者によって運び出される。メフィストは「どのような喜びにも満足せず、どのような幸運も受けつけず、ひたすら求めた移り変わる喜びを感じることなく、自分を亡ぼすものにすがりつく哀れな男。今やすべては去った。彼の博学は、彼にとって何の役に立ったのか？」と問いかける。ここでは、ファウストとメフィストは異なる価値観を有する対等な者として描かれている。

劇中に新聞記者が登場するように、この頃の物理学者たちは、社会における物理学の影響の大きさや、物理学者がメディアの注目を集めていることを自覚していた(14)。何しろ、時間や空間、物質やエネルギーに関する基本的な概念が、物理学の進展によって覆されていたのである。劇中では司会者が写真屋のカメラに向かって「輝く閃光よ！　マグネシウムを奪い、雷雲をつくり、自我を滅ぼし、悪臭を発するものよ、きらめくものよ、われわれをもはや、わずらわせるな！」と訴える。この劇の解釈に立ち入ることはできないが、物理学者たちはファウストを書きなおすことで、あまりに劇的な変化をみている物理学の世界で真偽を確定することの難しさや、学者がメディアに晒されることの功罪を表現しようとしていたのではないだろうか。

『ブリーダムスヴィー・ファウスト』は、二〇世紀の物理学をめぐる数奇な歴史の転換点に位置づいている。この劇の上演はヨーロッパの物理学界における最後のよき日として記憶される。この一九三二年にアインシュタインがアメリカに亡命し、翌年にはヒットラー率いる国家社会主義ドイツ労働者党（ナチス）が政権を握った。さらにその半年後、ファウストに見立てられたエーレンフェストは自殺を遂げた。劇中のエーレンフェストのように、この世に契約相手という心の拠り所を見つけられなかったのかもしれない。一九三〇年にヨーロッパからアメリカへと渡っていたノイマンは一九三三年、三〇歳にしてプリンストン高等研究所の教授職に就任した。テラーはナチスが政権を握るとコペンハーゲンで一年を過ごし、一九三五年にアメリカへ渡った。このようにして物理学の中心はアメリカへと移る。

ノイマンの「契約」

二〇世紀の科学者たちは、「国家」あるいは国家機関と契約を結ばざるを得なかった。アメリカに渡ったノイマンは、アメリカの軍産学複合体と契約を結んでいく。ここでノイマンとアメリカの軍産学複合体との関わりをみていきたい。一九〇三年にハンガリーで銀行員の父のもとに生まれたノイマンは、すでに一〇代で一流科学者との名声を得ており、その名声は二〇代半ばまでに世界中に広まっていた。一九三〇年にアメリカに移住した後はプリンストン大学で客員教授を務め、一九三三年にプリンストン大学の高等研究所が設立されると、最年少の教授に就任した。

ノイマンはアメリカに渡ってから、徐々に純粋数学の世界から応用数学の世界に踏み込んでいった。その応用数学は、軍事科学と結びついていた。ノイマンが軍事科学と関わるようになるのは、正式にアメリカ国籍を取得した一九三七年以降である。この年ノイマンは、弾道研究所の科学諮問委員会、米国数学会および米国数学協会の戦争準備委員会、国防研究委員会に矢継ぎ早に指名され(15)、第二次世界大戦中に目覚ましい活躍をした。一九四三年にはオッペンハイマーからの要請を受けてマンハッタン計画に参加し、パイエルスと共に爆縮レンズを開発した。原爆には広島に投下されたウラニウム型と長崎に投下されたプルトニウム型があるが、それぞれ核分裂をおこすために砲撃法と爆縮法が用いられた。爆縮法はプルトニウム型爆弾を作る過程で最も難しくネックとなった技術である。そこでオッペンハイマーが助けを求めたのがノイマンであった。

ところで爆縮法のシミュレーションにはＩＢＭのパンチカード式計算機が用いられたが、原爆のような巨大科学は、計算能力の高い計算機を必要とした(16)。膨大な計算のできる計算機の開発に魅力を感じたノイマンは一九四四年、巨大計算機ＥＮＩＡＣの開発計画に合流した。弾道研究所で砲撃射表を計算するために開発されていたＥＮＩＡＣは、一九四六年に完成するとまず、ロスアラモス研究所の数学的問題を解決するための計算に用いられた(17)。

ノイマンはまた、原爆を日本のどこに投下するかを議論する「標的委員会」のメンバーに選出され、投下目標を選定する上でも大きな貢献をした。マンハッタン計画の責任者であったレスリー・グローブスは、攻撃目標が「オッペンハイマー博士およびその上級顧問たちとくにジョン・フォン・ノイマン博士との徹底的な討論のすえ、やっと最終的結論に達した」などとノイマンの活躍について特筆している(18)。また、上空で爆弾を炸裂させることで、爆弾の殺傷能力があがることを解明したのもノイマンであった。

このように、ノイマンは原爆の製造から日本への投下までの過程の要所要所で重要な役割を果たした。完成した原爆は一九四五年八月に広島と長崎に投下され、地獄を生み出した。マンハッタン計画を指揮したオッペンハイマーは、トリニティーでの原爆実験が成功したのち、「今、われは死となれり。世界の破壊者となれり」というヒンドゥー教の聖典『バガヴァッド・ギーター』の一節を想起したという。オッペンハイマーは原爆を生み出したという事実に大いに苦悩し、その手が血に染められているかのように感じた。一九四七年にマサチューセッツ工科大学で行った講演での「物理学者は罪を知った」という言葉はあまりに有名である。

一方ノイマンは、原爆開発に関わったことについて何ら倫理的苦悩を感じなかったといわれる。自らの良心と国家への責任という二つの主人に引き裂かれていたというハンス・ベーテは(19)、ノイマンについて「彼は倫理ということを理解していなかった」と語っている(20)。リチャード・ファインマンは、ベストセラーとなった回顧録で、「我々が今生きている世の中に責任を持つ必要はない、という面白い考え方を僕の頭に吹きこんだのがフォン・ノイマンである。このフォン・ノイマンの忠告のおかげで、僕は「社会的無責任感」を強く感じるようになったのだ。それ以来というもの、僕はとても幸福な男になってしまった」というエピソードを紹介している(21)。

このようなノイマンの倫理観の欠如や「無責任さ」はさまざまに指摘され、問題視されてきた。例えば佐々木力は、「科学的テクノロジーの技術論的問題は、このフォン・ノイマンに現出している」として、社会的モラルを欠いた科学者が引き起こす問題を、「フォン・ノイマン問題」と名づけている(22)。佐々木はまた、ノイマンを「テクノロジカル・オプティミスト」であり、人間的モラルを数学的才能のはるか下位においた「計算尽くされた「徳盲」」であるとする(23)。ルイス・マンフォードは、ノイマンの「技術的可能性に人間がさからうことはできない」という言葉をひいて、この言葉を極限までつきつめれば、「もし人間に地球上のあらゆる生命を抹殺するだけの力があれば、人間はそうするであろう」と述べている(24)。

しかしノイマンは、ただテクノロジーを楽観的に捉えていたわけではない。彼は、軍事研究に携わることに戸惑いを感じることもあった。一九四〇年代には、軍事研究との関わりによって自分が純粋性を失ったと感じていた(25)。ロスアラモスでは、「この場所全体があまりに奇妙で、(略)ときどき、まともさや現実感が欲しくてたまらなくなる」と妻クラリへの手紙に記している(26)。ノイマンはまた、自身が行っている研究が恐ろしい結果を生み出す可能性を自覚していた。一九四五年前半のある日、ロスアラモスから帰ってきたノイマンは妻のクラリに、「われわれが今作っているのは怪物で、それは歴史を変える力を持っているんだ、歴史と呼べるものがあとに残るとしての話だが。しかし、やり通さないわけにはいかない、軍事的な理由だけにしてもね。だが、科学者の立場からしても、科学的に可能だとわかっていることをやらないのは、倫理に反するんだ、その結果どんなに恐ろしいことになるとしてもね。そして、これはほんの始まりに過ぎないんだ！」と話し、ひどくうろたえたという(27)。ノイマンは怪物を作っているということを自覚していたが、技術的に可能であることを遂行することが科学者の倫理であり、責任であると考えていたのである。彼はこの倫理を、人道的な倫理に優先させた。

加えてノイマンは、アメリカという国を愛していた。彼は少年時代にクン・ベーラによるハンガリー革命を経験したことで、共産主義を嫌悪していた。それゆえノイマンのアメリカへの愛国心は強く、アメリカがソ連よりも強力な兵器を持つべきだという強い信念を抱いていた。彼の信念と、技術的に可能なものはすべて実現されるべきだという考えは、矛盾しない形で同居していたのである。

ノイマンの生涯は、悪魔と契約をしたファウストを彷彿とさせる。二〇世紀のマッド・サイエンティストが契約した相手は、アメリカの軍産学複合体であった。ノイマンの経歴書に記されている彼が関わった組織は、アバディーン試射場弾道研究所科学諮問委員会、海軍兵器局、ロスアラモス科学研究所、海軍兵器研究所、ランド研究所、研究開発研究所、オークリッジ国立研究所、陸軍特殊兵器プロジェクト、兵器システム評価グループ、米国陸軍科学諮問委員会、中央情報局（CIA）、カリフォルニア大学放射線研究所、米国陸軍戦略ミサイル評価委員会、サンディア社、ラモ・ウールリッジ社、国家安全保障委員会諮問委員会、米国陸軍科学諮問委員会核兵器パネル、国防総省原子力技術諮問パネル、全米科学財団（NSF）大学計算機特別パネル、と多岐にわたった(28)。この軍産学複合体のなかで、ノイマンは数学的才能に加えさまざまな理論を統合して考える才能を開花させ、着実にアメリカという国家の中枢へと入り込んでいった。

ストレンジラヴ博士のリアリティー

第二次世界大戦が終わると冷戦に突入し、核開発競争がはじまった。ノイマンは、ソ連が独自に核兵器を開発する前に、より破壊力のある核兵器を完成させることを主張した。当時ノイマンが発した「ロシアに対して言えば、攻撃するかどうかなのではなく、いつ攻撃をしかけるかが問題だ」という言葉は有名である。一九五〇年には、「明日ソ連を爆撃しようと言うのなら、私は今日にしようと言うし、今日の五時だと言うのなら、どうして一時にしないのかと言いたい」とも述べている(29)。一九五五年に行った講演「原子戦争における防衛」では、核兵器を用いた奇襲攻撃は従来とは異なる性質のものになるとして、「敵側にせいぜい五〇の兵器を予想して、それにいちいち応戦できても、十分とはいえない。さらに、敵が攻撃をしかけたその一瞬のうちに、確実に相手を反撃する、そういったことができる仕組みを考えておかなければならない」と述べている(30)。

ノイマンが提案している軍事戦略は、ゲーム理論を用いたものであった。ゲーム理論は戦後、数学者や経済学者の関心を引き寄せ、アカデミズムにおけるブームを巻き起こした(31)。このゲーム理論を用いてさまざまな核戦争の戦略を生み出していたのがランド研究所である。ランド研究所は、第二次世界大戦時のオペレーションズ・リサーチ（作戦研究）に基づいた軍事研究機関として一九四八年に設立されたシンクタンクで、ここにはストレンジラヴ博士のモデルとされるノイマンやハーマン・カーンが在籍していた。ストレンジラヴ博士が「皆殺し」装置の製作を依頼したという「ブランド社」は、ランド研究所をもじったものである。

ここで、『博士の異常な愛情』に戻りたい。映画では、核戦争になったらどちらも負けるMAD（Mutual Assured Destruction、相互確証破壊）という考え方が採用されている。この考えを徹底すると報復の手段を自動化する「皆殺し」装置にいきつくと論じたのは、ハーマン・カーンである。カーンは一九六〇年に発表した『熱核戦争論』において、核兵器を用いた戦争は不可能であるという核抑止論に対し、核戦争は不可能ではないことを主張した。カーンの主張は抑止力によって核戦争が起こらないことを願う人々をぞっとさせ、議論を巻き起こした。最終的な判断を人間ではなく機械に任せるという「皆殺し」装置の考えは、ゲーム理論にもとづいたシミュレーションの結果、生じたものである。ゲームに勝つためには、人間の道徳心や迷いは不利になる。ひとたび核攻撃をうけたら自動的に作動する「皆殺し」装置は、人間の感情に左右されない兵器であり、最大の抑止力になるというのだ。

キューブリックは、このような軍事戦略が非人間的で恐ろしい結果を生み出す可能性とその滑稽さを描いている。そこに登場するストレンジラヴ博士は、この滑稽さの象徴ではなかっただろうか。この滑稽さはノイマンにも通ずる。五〇年代には、ゲーム理論は多くの人々にとって「ノイマンの人物像とないまぜになっており、人類の運命についての冷淡な、斜に構えた姿勢を内包しているように見えた」という(32)。人々はノイマンを、人間らしさを欠いた滑稽な人物として見ていた。アメリカの軍産学複合体と契約したノイマンは、その滑稽さを体現していたのである。

後年のノイマンは、生体と機械を統合するモデルを探ろうとしていた。彼は一九五三年にプリンストン大学で「機械と生体」という連続講演を行ったが、この内容はジョン・ケメニーによって『サイエンティフィック・アメリカン』に掲載されたほか(33)、脳の神経機構と計算機の機構を比較した晩年の著作に取り入れられた(34)。ノイマンが最終的に目指していたのは、生命体としての機械ともいえる、自己複製オートマトンである。このようなノイマンの夢はマッド・サイエンティストを想起させる。西垣通は、「機械は現代版のゴーレム」というウィーナーの言葉をひき、「ノイマンはゴーレムをつくり、さらには自らゴーレムに化すという怪物的行為の深淵を、われわれに開示する」と評している(35)。

しかしストレンジラヴやノイマンは滑稽であると同時に、私たちの心を捉えて離さない。それは私たちがすでに、マッド・サイエンティスト的な矛盾をどこかに抱えているからではないだろうか。それは例えばコンピューターとの接触である。ロズリン・ヘインズが指摘するように、パーソナルコンピューターの普及は科学と社会の接点に大変革をもたらした(36)。これによって自己矛盾した最も非人間的な道具と見なされていたコンピューターは、科学者の専売特許ではなくなった。私たちは皆、マッド・サイエンティストの子供となったのかもしれない。

予期せぬ結果

いま世界はある側面において、ノイマンが予測した通りに進んでいる。ノイマンらのゲーム理論（モンテカルロ法）は、インターネットのサーチエンジンの源となった。コンピューターは個人に所有されるパーソナルなものとなり、私たちはそれがなければ生きていけない。しかし、この世界から人間の感情や誤りを排除することはできない。同様に、システムからエラーをなくすこともできない。全世界が目にしているように、原子力技術は一〇〇パーセント安全ではありえない。あらゆる可能性が現実にはおこりうる。予想しなかった事態はノイマン自身にも降りかかった。

一九五五年三月、ノイマンは原子力委員会のメンバーに就任した。原子力委員会はアメリカの科学行政職において最高位の一つであった。ノイマンはいよいよ国家の中枢に入り込んだのである。ところがその年の八月、左肩に激しい痛みを覚えた彼は、手術の結果、骨腫瘍の宣告をうけた。核実験で浴びた放射能が原因であった。病は一気に進行した。五五年一一月末には脊椎にも病巣が見つかって歩くのも困難となり、翌年一月には車椅子に頼らざるを得なくなった。二月にはアイゼンハワー大統領から自由勲章を授与されたが、この時車椅子に乗ったノイマンの姿は人々の脳裏に焼き付いた。後年ストレンジラヴ博士が車椅子に乗っているのを見た人々は、生前の車椅子のノイマンを想起した。

二〇世紀最高の頭脳を讃えられたノイマンも、病の進行には抗えなかった。この時ノイマンの苦しみを目の当たりにした仲間は、その苦しみが耐え難いものであったと伝えている。エドワード・テラーは、「フォン・ノイマンは、私が知るかぎりどんな人間の苦しみよりもつらいものを、彼の精神が狂いはじめたことを知ったときに、味わったと思います」と語り、ユージーン・ウィグナーは、「フォン・ノイマンは自分は不治の病であることを知ったとき、彼はまたその論理的考えで、自分がやがてその存在を終え、ゆえに思考することを終えねばならないことを認めねばなりませんでした。（略）受け入れ難くても避けることはできない運命との戦いで、彼の心が挫折するのを見ることはとても悲しいことでした」と語っている(37)。死期が近くなるとノイマンはカトリックの司祭を病室に呼び、カトリックに改宗した。彼は死に対して大きな恐怖感を持っていたという。地獄に落ちることを恐れたのだろうか。ベッドサイドでは弟のミヒャエルが、ノイマンのお気に入りであったゲーテの『ファウスト』を読み聞かせた(38)。悪魔と契約したファウストは、彼のアインデンティティーの拠り所として、生き続けていたのかもしれない。

ノイマンは一九五七年二月八日、五三歳の生涯を終えた。それは、軍産学複合体との契約の終わりを意味した。彼の枕元には軍人が集まっていたが、精神の錯乱したノイマンが軍事機密をもらさないよう監視する為であったともいわれる。彼らはまるでノイマンとの契約の終わりを待っていた悪魔のようである。ノイマンの死後『ライフ』が組んだ追悼記事には、「素晴らしい知性の消滅——ジョン・

フォン・ノイマン、才気あふれる陽気な数学者は、科学と国家の巨大な公僕であった」というタイトルがつけられた(39)。「科学と国家の巨大な公僕」という表現は彼の人生をよく捉えている。ノイマンの命を奪ったのは、恐らく一九四六年夏にビキニ環礁で行われたクロスロード作戦に立ち会った際の核実験による被曝である。このとき米軍が広島と長崎の被爆者から算出した放射能のリスク評価は、実態を捉えられていないものであった。ノイマンはその軍事科学の論理を最優先する思考によって、放射能のリスクを軽視していた。彼は自身が大きな貢献をしたアメリカの軍事科学に足元を掬われたといってよい。まるで、悪魔と契約をしたファウストのように、世界を手にしたかのような夢を見て、そして最後は生の苦しみに苦しんだ。

ノイマンには、数学的理論に基づいた世界を設計するという大きな夢があった。その一方で、核兵器がどのような苦しみを人々に与えるかということや、周辺に暮らす人々への想像力が欠如していた。その想像力の欠如こそが彼の限界であり、彼自身に大きな苦しみをもたらすこととなった。いまを生きる私たちは、ノイマンのとてつもない夢の影にあった現実、思い半ばに終わったそのリアルな生にこそ、思考を傾けるべきだろう。

第5章　恐竜と怪獣と人類のあいだ

──恐竜表象の歴史をたどって

かつて一億六〇〇〇万年近くという長い間地球上に生息していた恐竜。その存在は、私たちの驚異の感覚を喚起してやまない。恐竜がいた長い時間に比べ、二〇〇万年という人類の歴史の何と短いことだろうか。さらに人類が恐竜を見出したのは、ほんの最近のことである。それからの短い期間に、恐るべき速さで進展した科学・技術とともに、恐竜はその姿かたちを人類にみせてきた。その間、恐竜はさまざまなイマジネーションを私たちに提供し、人類はさまざまに恐竜を表象してきた。それは必ずしも恐竜をめぐる最新の科学的知見を反映したものではなく、むしろ新しい恐竜像を拓いていくものであった。私たちは恐竜に何を期待し、何を見出してきたのだろうか。本章では、はじめに学術上の恐竜の定義を確認し、そこから恐竜像がいかにして拡大していったかを、恐竜を描いた小説や映画から考えてみたい。それは、恐竜を通して人類という存在を見直すことにもなるだろう。

「恐竜」の登場

恐竜という名称が生み出されたのは、一八四二年のことである。それまでにも先史時代の爬虫類の存在は知られており、たとえば一七世紀はじめには首長竜の化石が描写されている(当時は「魚類」とされていた)。首長竜やイルカに似た魚竜は、一九世紀初頭までに何体も発見され、描かれていた。しかしこれらの正体はよく知られていなかった。比較解剖学の登場によってこれらが太古に絶滅した古生物の化石だという学術的な解釈が可能となり、それぞれ一八一八年と一八二一年に魚竜(イクチオサウルス Ichthyosaur)と首長竜(プレシオサウルス

Plesiosaur）と命名された。パリではジョルジュ・キュヴィエが、ロンドンではリチャード・オーウェンが比較解剖学の先駆として活躍し、古生物の分類にも熱心に取り組んだ。

そして古生物学が幕を開け、続々と新たに重要な化石が発見されていく。ギデオン・マンテルは一八二二年にイグアノドンを発見。それまでにもライム・リージスの海岸で重要な古生物の化石をいくつも発見していたメアリー・アニングは一八二三年に首長竜のほぼ完全な骨格を発見。ウィリアム・バックランドはオックスフォード大学博物館に持ち込まれていた化石を一八二四年にメガロサウルスとして発表した。つづいて短期間のうちにヒレオサウルス、テコドントサウルス、ケティオサウルスなどが次々に発見された。イギリスにおける比較解剖学の第一人者とされていたリチャード・オーウェンはこれらのうち、陸上の大型絶滅爬虫類を定義する分類の総称として一八四二年、恐ろしいトカゲを意味する恐竜目（dinosauria）という名称を用いた。この分類によって、魚竜や首長竜や翼竜は恐竜に含まれないものとなった。

ここまで、古生物の化石が分類され、恐竜という存在がこの世界に登場したことを見てきた。ここからは、小説や映画といった文化のなかで、恐竜がどのように描かれたかを見ていきたい。比較解剖学者たちが懸命に恐竜をはじめとした古生物の分類をしたのに対し、大衆文化における想像力は、そのような分類を崩す方向で恐竜概念を拡大していった。恐竜という存在は、どのように人々の想像力を掻き立て、人々はどのような恐竜像を生み出したのだろうか。

失われた世界との遭遇

恐竜に出会った一九世紀の人々は、空間的にも時間的にも拡張されてゆく世界を見ていた。かつて地球上を支配しそして絶滅を迎えた恐竜という存在は、その拡張された世界の一つであったといえる。月世界、宇宙、地底世界など、この時代の想像力を余すことなく描いたジュール・ヴェルヌは、『地底旅行』（一八六四）で恐竜を登場させている。この小説の前年には、ルイ・フィギュエの『大洪水以前の地球』（一八六三）という小説も発表されている。両作品は当時の地質学、地理学、鉱物学、古生物学といった分野の最新の知見を取り入れつつ、作品世界に恐竜を登場させることでその冒険的要素を強めたものであった。

怪物として恐竜を描いた小説も登場した。たとえば、『ラ・メトリ湖の怪物』（一八九九）は、エラスモサウルス（首長竜）を地底で発見した科学者が、友人の脳を恐竜に生体移植するという、種の融合についての思索をめぐらせた小説であった。『ラ・メトリ湖の怪物』は、フランケンシュタイン博士が怪物を生み出してしまうメアリー・シェリーの『フランケンシュタイン』（一八一八）の流れを踏襲しているといえる。『ラ・メトリ湖の怪物』が発表された数年前には、モロー博士が秘密裏に行っていた動物改造実験を描いたH・G・ウェルズの『モロー博士の島』（一八九三）が発表されている。これらの作品には、人工的に生命に介入することへの畏怖が込められているといえる。これらの作品が生み出された背景として、一八五九年にダーウィンの進化論が発表され、種（species）が固有のものではないという考えが当時の社会で大きな議論を呼んでいたことは無視できない。一九世紀に蘇った恐竜は、種をめぐる新たな思想と生命操作技術を得て、あたらしい怪物・怪獣像を生み出したのであった。

ところで『地底世界』と『大洪水以前の地球』には魚竜と首長竜が闘う場面が登場する。『ラ・メトリ湖の怪物』で登場するのも、首長竜である。当時人々の人気をさらっていたのは、比較解剖学者たちが恐竜として分類したものに含まれなかった首長竜と魚竜で、刊行物で圧倒的に多く描かれた古生物のイラストは、この二種の対決を描いたものであった。厳密には恐竜に分類されない、海に生息する古生物が人気を集めたのは何故だろうか。それは、海中が未知の世界であり、人知の及ばない領域であったからではないだろうか。そこには人知の及ばない何か——例えば古生物——が存在するかもしれないという期待と不安を人々に抱かせるものがあった。

地球上に未知の空間がなくなっていった一九世紀においても海底（及び湖底）はまだ、未知の領域であった。魚竜や首長竜が学問上の分類として定義された一八二〇年前後は、マッコウクジラの捕鯨が最盛期を迎え、海上におけるシーサー

Fig. 125. L'Ichthyosaure et le Plésiosaure.

『大洪水以前の地球』の挿絵となった魚竜と首長竜の闘いを描いた図
OLD BOOK ILLUSTRATION（https://www.oldbookillustrations.com/illustrations/ichthyosaur-plesiosaurus/）より

ペントの目撃情報がしばしば報告されていた時期であった。大海蛇、あるいはシーサーペントとして知られる海の怪物は、古くから目撃されてきたが、科学的にその存在が証明されていなかった海の未確認生物は、恐竜（厳密には恐竜ではない魚竜や首長竜）の生き残りではないかと考えられるようになる。描かれた海上の古生物の姿は、人々が海上で何か得体の知れないものを見たときに想起される存在となったのだろう。古生物の生き残り説に期待を寄せた科学者もいた。たとえば地質学者のロバート・ベイクウェルは一八三三年、「私は魚竜、あるいは同様の属の何らかの種が、現在の海になお生きていると信じたい」として、当時海で目撃された海獣が魚竜の生き残りであるという説を支持した。

古典的な恐竜小説として知られる『失われた世界』（一九一二）を執筆したコナン・ドイルは、『失われた世界』を執筆する二年ほど前、エーゲ海を航海中に魚竜の子どもを見た（と思った）とされる。『失われた世界』は、古生物学者二人と探検家、新聞記者からなる一行が、かつて絶滅したと考えられていた古代生物が生存するという可能性を信じて人類未踏の地――ギアナ高地がモデルとなっている——を探検する物語だが、ドイルの魚竜を見たという体験は、恐竜のいる世界を彼が描くことになる一因となったかもしれない。
恐竜の登場によって、海の怪獣は、実在し得る、名前を与えられる存在として同時代に蘇った。そうした風潮をさらに強めたのは、映像による恐竜表象だろう。

恐竜映画の創世記

一九二五年にコナン・ドイルの『失われた世界』を映画化した『ロスト・ワールド』が公開される。映画『ロスト・ワールド』の恐竜は、博物館で骨格展示を見たことや『失われた世界』を読んで恐竜映像作品の制作に関心を寄せたウィリス・H・オブライエンによって、モデル・アニメーションという人形をコマ撮りする技術で撮影された。オブライエンは一九三三年に公開された映画『キング・コング』の特殊撮影も担当する。大成功を収めた恐竜映画の先駆的映画『ロスト・ワールド』と『キング・コング』は、どちらも秘境を訪れた探検隊と映画撮

『キング・コング』に登場するエラスモサウルス（首長竜の一種）
KINGKONG WIKI（http://kingkong. wikia.com/wiki/Elasmosaurus）より

影隊が、現地に生息する猿人類や恐竜の攻撃をかわしてなんとか帰還するというストーリーで、秘境探検映画として見ることができる。これらの映画で恐竜は人間を襲うが、人間の最大の敵ではない。恐るべき存在は恐竜よりも、人類と近い猿人類であった。恐竜は映画に臨場感を与え、その映画世界を異世界たらしめる存在として登場する。

『ロスト・ワールド』と『キング・コング』には、アパトサウルス、アロサウルス、ティラノサウルス、エラスモサウルス（首長竜）、プテラノドン（翼竜）など、様々な種類の恐竜が登場する。これらは、一九世紀後半のアメリカで繰り広げられた熾烈な恐竜発掘競争によって発見された恐竜（および古生物）であった。古生物学者チャールズ・マーシュとエドワード・コープは、競い合ってそれぞれ八〇種、五六種という新種の恐竜を発見したのだった。これら豊富に発掘された恐竜の骨格は、博物館で一般市民にも公開されることとなる。ニューヨークのアメリカ自然史博物館では、一九〇八年から一九三三年まで館長をつとめた古生物学者のヘンリー・オズボーンの采配で、恐竜を含めた古生物の骨格展示を充実させていった。恐竜映画の特殊撮影を担当したオブライエンが博物館で出会った恐竜骨格は、テクスチャを与えられて映画に登場することで、多くの観客の目に触れ、彼らの心を捉えることとなる。

『キング・コング』の公開直後からスコットランドのネス湖で目撃されるようになったのが、ネッシーである。映画における恐竜の姿が人々の脳裏に焼き付き、ネス湖の怪物を生み出したという因果関係は否定できない。報告されたネッシーの形状から、それが首長竜、あるいは、竜脚下目の生き残りではないかと考えた人は少なくなかった。

ここまでに登場した映画のなかの恐竜は、恐竜が人間の世界に現れるという要素もなくはないが、基本的には人間が恐竜の住む世界にいくという、秘境探検映画であった。ここでの恐竜は人間にとって他者であり、人間を襲うものの最終的には人間に支配される存在である。人類が地球上の全てを支配できると考えられていた時代の産物といえるのではないだろうか。二〇世紀の半ばになると、大衆的な映画のなかでかつて恐竜だったものは怪獣へと変化していく。その変容の大きな要因となったのは、核兵器を手にしたアメリカによる度重なる核実験であった。

恐竜映画から怪獣映画へ

レイ・ブラッドベリの『霧笛』(一九五二)は、世界に一匹だけ生き残った恐竜の哀しみを描いた小説である。恐竜は辺境にある灯台の霧笛を仲間の声だと思い、毎晩その灯台を訪れる。しかしその世界のどこにも恐竜の仲間はいないのであった。そのことを知った恐竜は、哀しみのあまり灯台を破壊する。仲間のいない孤独な恐竜は、伴侶を求めてやまなかったフランケンシュタインの怪物を思わせる。『霧笛』は、『フランケンシュタイン』の一九世紀的な怪物像と二〇世紀の怪獣像をつなぐ中間に位置するといえるかもしれない。なぜなら『霧笛』の恐竜像は、その後の怪獣映画の先駆となった『原子怪獣現わる』（一九五三）に受け継がれたからである。

『霧笛』が発表された頃に怪獣映画の制作にとりかかっていたワーナー・ブラザーズは、『霧笛』の映画化の権利を買い取る。そして完成した映画が『原子怪獣現わる』である（原題は『海底二万里からきた怪獣』）。特撮はウィリス・オブライエンから特撮技術を学んだレイ・ハリーハウゼンが担当した。この映画では、北極で行われた核実験によって割れた地表から怪獣が現れる。怪獣を目撃した物理学者は古生物学者のもとを訪れ、それがリドサウルスという恐竜であることを知る。その後リドザウルスはマンハッタンに上陸して大きな惨害を引き起こす。この怪獣の血は有毒で伝染性の強い病原体に汚染されていて、それによって更なる犠牲を生み出す。リドサウルスを流血させずに殺傷するために採られた作戦が、アイソトープ（放射性同位元素）を用いるという方法である。核実験によって出現した怪獣が放射能で退治される。リドザウルスは人間社会に翻弄された怪獣であったといえる。

『原子怪獣現わる』は、核実験や放射能の影響で出現する怪獣映画の先駆けとなる。なかでも『原子怪獣現わる』を踏襲した作品に、東宝映画が制作した『ゴジラ』（一九五四）がある。この初代『ゴジラ』は、アメリカの水爆実験によって日本のマグロ漁船第五福竜丸が被災し、日本に反核実験感情が吹き荒れていた最中に生み出された。東京を破壊したゴジラは液体中の酸素を破壊するオキシジェン・デストロイヤーなる新兵器によって退治されるが、ここではこの恐るべき新兵器が二度と使われることのないように、発明者の芹澤博士もゴジラと運命を共にする。『ゴジラ』は当時の日本固有の社会風刺を孕むものとなり、強烈なオーラを得ることとなった。『ゴジラ』の特殊撮影を担当した円谷英二は『キング・コング』の特殊撮影の影響を受けており、『キング・コング』における恐竜表象を受け継いだものともなっている。『ゴジラ』以降の日本の特撮映画の展開は、よく知られているとおりである。

ここまで『ロスト・ワールド』、『キング・コング』、『原子怪獣現わる』、『ゴジラ』と、映画における恐竜表象の流れを見てきた。それは、恐竜から怪獣への変遷であったといえるだろう。恐竜は、核エネルギーをめぐる想像力によって怪獣へと進化した、ともいえるかもしれない。恐竜映画から怪獣映画への変遷を見ていくと、恐竜は、未開の地にいる野生的な存在から、人類が生み出してしまう存在へと変化した。それは、危険ではあるがそれほど恐れるに足りない存在から、本格的に人間社会を脅かすものとして描かれるようになった(1)。恐竜/怪獣表象と核エネルギー表象が切り離せないものとなっているのは、私たちが、核エネルギーがこの文明を根本的に変えてしまうものであるということを理解しているからではないだろうか。核は人類文明を破壊しかねない、私たちも恐竜のように絶滅する運命にあるかもしれない、と。怪獣となった恐竜は、人間社会のあり方を浮き彫りにし、我々に反省を促す存在となった。

恐竜学もまた、大衆的な恐竜／怪獣をめぐる想像力と無関係ではない。アメリカのニューメキシコ州のレヴェルト川で一九八一年に発見され一九九七年に記載された恐竜は、ゴジラにちなんでゴジラサウルス（Gojirasaurus）と名付けられた。発見者のケネス・カーペンターはゴジラのファンであり、大型の肉食恐竜としてその名をつけたのであった。ニューメキシコ州といえば第二次世界大戦中に秘密裏に原爆開発が行われ、人類が初めて核エネルギーを解放したトリニティー実験が行われた地である。ゴジラサウルスと名付けられたその恐竜化石は、アラモゴードの砂漠で行われた核爆発の音を聞き、振動を感じただろうか。

先達としての恐竜

人類は、失われた世界への憧れとこれから訪れうる世界への恐怖の入り混じった視線を恐竜に向けてきた。恐竜表象の変遷を見ると、それは、人類にとっての他者から、人類にとっての先達へと変わった軌跡といえるかもしれない。学術的な解釈でも、恐竜は当初考えられていた絶滅した冷血爬虫類という認識から大きく変化している。いまなお、恐竜をめぐる解釈は更新され続けている。恐竜をめぐっては、まだまだ人類にはわかっていないことがあるのだろう。気の遠くなるような時間差を経て地球上に存在した人類と恐竜の関係は、人類とはるか未来に存在しうる生命体との関係についての考察へと私たちを誘う。人類がはるか未来に残すものは何だろうか。それは、ピラミッドや自由の女神のような建造物だろうか。未来の生命体は、人類文明をどのように見出し、どのように捉えるのだろうか。はるか未来の生命体とのコミュニケーションはどのように可能なのだろうか。たとえば気の遠くなるほどの長いあいだ無害化されない放射性廃棄物の危険性は、どのように伝達され得るだろうか……。

これらの問いは人類が絶滅し、またそれに代替する種が未来に存在するということを前提としている。絶滅という現象は生命進化のなかでなにも特別なものではない。もちろん鳥に進化したといわれる恐竜のように、全く絶滅するということはないのかもしれない。しかし全く同じ形態の種として永続的に人類が地球上に存在することもないのだろう。そして人類は、おそらく外的要因で大量絶滅を迎えた恐竜とは違い、自らその絶滅を早めている(2)。自然に分解されない核のごみやプラスチックごみを大量に生み出し、フロンガスによってオゾン層を破壊し、大規模開発によって生命の多様性を失わせている。人類はこの地球を、非可逆なほどに変容させてしまった。そのような時代に生きている私たちは、この地球に何ができるのだろうか。私たちは憧れや恐れの対象として恐竜を消費するだけではなく、自らもまた恐竜的存在としてこの地球上に存在しているということを自覚すべき時なのかもしれない。

第6章　ゴジラが想像／創造する共同体
――「属国」としての「科学技術立国」

三・一一以後の想像力

それは潔いほどに日本的な映画であった(1)。『シン・ゴジラ』は日本のゴジラ映画の伝統に則っている。いつも日本に上陸し、日本の都市を破壊し、日本人によって退治されるゴジラ。そこには、被ばくの記憶と日米関係が織り込まれている。太平洋の海の底からやってくるゴジラは、私たちの無意識の地層を踏み荒らす。そこに織り込まれているはずの戦後日本の歴史は暗く深い。

既視感のあるモチーフや言葉のオンパレードは、その歴史の根深さに由来するのであろう。この映画には、歴史の記憶とともに、特撮や『エヴァンゲリオン』といった日本人が親しんできたポピュラーカルチャーの手法が織り込まれている。それらは、この映画に対するいくつもの解釈を可能にしている。だからこそ、見た人それぞれがゴジラ論を語りたくなってしまう、エンタメとしての要素を備えている。あまりにも沢山の要素が盛り込まれており、一体何がメッセージなのかわからなくもなる。おそらくそれが、この映画が多くの人を魅了している一因である。

自由な解釈を積極的に許容しているにせよ、この映画の大きな功績は、三・一一以後の想像力を、それ以前の想像力と融合させて提示したことにあるだろう。被爆、敗戦、そして三・一一原発事故という痛みを引き受けて、『シン・ゴジラ』は制作された。そこには、戦後日本の歴史と文化に親しんでいる人に共有される、日本人のアイデンティティに訴えかける何かがある。それは一体何なのか。本章では初代『ゴジラ』と比較しながら検討していきたい。

主役は政治家か、科学者か

『ゴジラ』は、核時代の恐怖を表出した映画として日本社会に登場した。一九五四年三月、ビキニ環礁で行われたアメリカの水爆実験で遠洋マグロ漁船第五福竜丸乗組員が放射能を含んだ「死の灰」を浴びたというニュースが日本国内をかけめぐった。マグロも放射能に汚染されており、国内にも強い放射能を帯びた雨が降った。国民の核実験への反感は高まり、原水爆禁止署名運動が全国各地で起こる。このような時期に生みだされた『ゴジラ』は、水爆実験の申し子といえる。

放射能という目に見えない恐怖に直面した一九五四年以降、核の問題で多くの日本人が当事者性を帯びたのが、二〇一一年であった。新旧ゴジラはどちらもその当事者性に訴えて大ヒットを収めた。被ばくの問題は、科学と政治が分かち難く結びついていることを私たちに示したが、新旧ゴジラは、現実世界における科学と政治の関係を如実に反映している。それはとりわけ、〝科学者〟と〝政治家〟という主役の相違にあらわれている。

『シン・ゴジラ』でまず想起させられるのは、二〇一一年三月の原発事故である。乱用といえるほど「想定外」を繰り返し、右往左往する政治家。「想定外」に対応できない専門家。観客には、ゴジラが制御を失った原発の隠喩であることが明示される。学識者や政治家によって「万が一にもありえない」とされたゴジラ上陸は、絶対安全であるとされた原発がコントロールを失ったという「想定外」の事態と重なる。炉心のなかで起こっていることを、専門家といわれる人々を含めて、誰一人わかっていないという恐ろしい事態……。

そもそも現実は予測不可能な事象に満ちており、マニュアル通りにはいかない。「想定外だ、よくあることだろう」、「思ったより想定外すぎる」というセリフに含意されているように、「想定外」が起こりえるということは想定されていた。工学の世界では、一〇〇パーセントの安全はないといわれる。津波が来るか否か、隕石が直撃するか否か、テロリストの攻撃を受けるか否か、外部電源の喪失が起こりえるのか否か……これら不確実で低確率な事象の全てを考慮していたら、何も作ることはできない。何かを作るにはそれらをリスクとして割り切らざるをえない事情があり、そのようななかで原子力発電の導入は進められてきた(2)。技術が巨大で複合的なものになれば、それだけ、「想定外」の領域が増えていく。そのような「想定外」としたことが現実のものとなってしまった時、人間社会はどのように対応することができるのか。

個体進化する生物であるゴジラは、人間の制御を超えた巨大システムとしての生命体と捉えることができる。社会学者の松本三和夫は、科学と技術と社会をつなぐ複数のチャンネルの制度設計のあり方や、そこに登場する複数の主体がおりなす機能不全に由来する失敗を「構造災」と名付けたが、人災とも天災ともいいきれない福島原発事故はまさに構造災であった(3)。システムの機能不全を問題とする『シン・ゴジラ』は、松本の問題意識を共有している。だから、そこでは科学者ではなく、それらを調整すべき政治家が主役となっている。しかし『シン・ゴジラ』においては、このシステムをめぐる問いに答えが出されることはなく、敗戦以降続く不平等な日米関係へと論点は変化していく。後半は、日本が主体性を回復し、不平等な日米関係を克服しようとする物語となっている。それは論点のすり替えと見ることも、ゴジラの伝統に則ったものと見ることもできる。

ここで初代『ゴジラ』を見返してみたい。核実験反対の全面的な世論の高まりの中で制作・公開された初代『ゴジラ』は、科学者が主役となっている。初代『ゴジラ』は第五福竜丸の被災を思わせる原因不明の海難事故にはじまる。原因不明の事象に対応する水産庁は、さまざまな分野の専門家の見解を求める。ここで専門家たちは至極全うな見解を述べている。古代生物学者の山根教授は、ヒマラヤの雪男を例に出し、海底にはどんな生物が住んでいるか想像もつかず、実際に調査をしないと何ともいえない、と答える。山根教授は調査団を組織して、不明生物が出没したという大戸島に向かう。そして調査の結果、ゴジラが水爆実験を受けて怪物化した古代生物であるということが発表される。

ゴジラが生みだされた一九五四年、科学者たちは――二〇一一年とは対照的に――国民のヒーローであった。ちょうどこの時、科学をめぐる日米関係は大きな転換期を迎えていた。占領下の日本では原子核研究が禁止されていたが、サンフランシスコ講和条約によって日本が主権を回復すると、原子力導入の是非をめぐる議論が国内で盛んになされるようになった。その矢先に起こったのがビキニ事件である。このとき日本の政府と科学者の対応は早かった。厚生省は、「原爆マグロ」の問題に対し、魚類を表皮から一〇センチメートル離れた地点で観測し、β・γ線合計で毎分一〇〇カウント以上検出された場合にはそれらを処分するという港湾検査基準を出した(4)。日本の科学者たちは、軍事機密であるとして水爆実験で放出された放射性核種の情報を明かさなかったアメリカに対し「死の灰」の分析を通して核実験によって生みだされた放射性核種を独自に明らかにしていく(5)。水産庁は海の放射能汚染を調査するため様々な分野の科学者たちからなる調査団を組織した。調査団は五月から七月にかけて俊鶻丸という調査船に乗り込み、放射能汚染の実態を解明していった。『ゴジラ』における山根博士らの調査船の出港場面は、俊鶻丸の調査をなぞらえたものだっただろう。このように、ビキニ事件においては、アメリカ側の情報の秘匿と、日本人科学者による情報の公開、というコントラストが見られた。日本人は「被害者」、日本の科学者は「ヒーロー」であり、「加害者」はアメリカであった。そのような分かりやすい構図があった。

しかし実際は、放射線被ばくをめぐる科学はアメリカの軍事科学に独占されていた(6)。よく知られているように、原爆被爆者の調査は日米の医師たちによってすすめられたが、そのデータはアメリカに独占された(7)。第五福竜丸乗組員が「死の灰」に被ばくすると、米国側は乗組員の治療に介入しようとしたが、日本側はこれを拒否した。そこには、被ばくをまたしても米国の軍事科学に利用されたくないという思いがあっただろう。しかし九月に第五福竜丸無線長の久保山愛吉さんが亡くなると、日米間でその死因をめぐって論争が起きることとなる。久保山さんの直接の死因となったのは輸血による肝炎であったため、アメリカ側はこれを日本の医学の水準の低さとして非難した。『ゴジラ』が公開された一一月には日米放射能会議が開催され、厚生省の港湾検査基準が厳しすぎることなどがアメリカ側から指摘された。そして厚生省は一二月二八日に突如、その年いっぱいで港湾検査を中止することを通達した。さらに日米政府は翌年一月四日、水爆被災の見舞い金として日本がアメリカから二〇〇万ドルを受け取ることで合意し、事件の幕引きを図った。

すなわち初代ゴジラは、ビキニ事件で、当初は主権を取り戻したかのように見えた日本が、やはり米国の支配から脱せず、米国に屈服した時期に登場したのであった。いい換えればゴジラは、不均衡な日米関係に対して、科学によって正義が正されるという希望のあった、日本人科学者が活躍していた時期に登場した。ゴジラはビキニ事件が、科学ではなく政治的に決着がつけられることを知らなかったのである。だから、そこでの主役は科学者であり、政治家の存在はどこまでも希薄である。初代ゴジラは最後、日本人科学者の発明したオキシジェン・デストロイヤーによって、退治される。

科学技術とナショナリズム

一九五四年と二〇一一年、日本の人々が直面した核の災害は異なるものであり、新旧ゴジラの描写はそれを反映している。それでもなお、両者には重要な共通点がある。それはゴジラが、犠牲者、被害者としての日本国民を強く想起させるという点である。川本三郎は一九八三年、「初期ゴジラ映画は、このようなひがんだ小国意識を媒介として、放射能汚染の恐怖と戦災の恐怖とをイメージの上で結びつけた」「戦後日本人の被害者意識に訴えることでリアリティを獲得した『ゴジラ』は「甘え」を抱えこむ」と指摘している(8)。この指摘は、『シン・ゴジラ』にもあてはまるだろう。『シン・ゴジラ』は、初代『ゴジラ』と同様、敗戦国の痛みを想起させる。その方法は、「先の戦争では(略)国民に三〇〇万人以上の犠牲者が出ています」「戦後日本は常に彼の国の属国だ」「戦後は続くよどこまでも」というセリフに表されているように、より具体的で明示的である。戦時中から現代に至る、日本の弱点がこれでもかというほど提示される。三度目の核攻撃を受けるかもしれないという緊張感は、象徴的に用いられている折り鶴と共に「唯一の被爆国」という記憶を喚起する(9)。

しかしゴジラはただ痛みの記憶を喚起するだけではない。その痛みを日本の主体性の回復という快楽へと昇華させる。敗戦によって日本は、占領下におかれるという外在的な要因と、自らの手で戦争の責任を裁けなかったという内在的な要因の双方で、主体性を失った。そのようななかで、日本人が誇りを持つことのできるアイデンティティの拠り所が、科学技術であった。敗戦後の論壇には、日本の科学技術はすぐれていたが、科学技術動員の非合理性が科学戦の敗北を招いたといった論調がしばしばみられた。敗戦国民のアイデンティティの問題は、戦後日本のポピュラーカルチャーにも表出してきた。マンガやアニメの世界では、本来はか弱い子供たちがロボットなどの科学技術の力を借りて強くなるというストーリーが多く生まれた。『エヴァンゲリオン』もそのようなアニメの一つといえる。三・一一原発事故で失われかけたのは、科学技術に優れた国民というアイデンティティであり、『シン・ゴジラ』で私たちが目の当たりにしたのは、そのアイデンティティを取り戻す物語であった。

失われたアイデンティティが取り戻されるのは、映画の後半である。前半の巨大不明生物に対する右往左往ぶりと、後半のヤシオリ作戦にみられるチームワークは、対照的である。前半が現実の表象であるとしたら、後半は理想の表象であった。困難があっても、優秀な日本の企業や研究所の連携、そして海外とのネットワークを活かして乗り切るという筋書きは、科学技術立国日本を誇る『プロジェクトX』的である。科学技術の粋を集めて作られた新幹線を利用した無人新幹線爆弾や、世界一を競うスパコンの活躍は、日本の科学技術への期待を投影したものといえる。そこには、三・一一で大きな痛手を受けてもまた立ち上がる、というメッセージが込められている。それは、国民を統一し、動員を可能とする、科学とナショナリズムの結びつきに他ならない(10)。

三・一一のあとに繰り返し問われたのが、原子力の夢を体現している『鉄腕アトム』と、核兵器の恐怖を体現している『ゴジラ』、両作品に代表される核のコインの表裏が、日本社会のなかでどのように共存していたのかということであった。ここで指摘できることは、『シン・ゴジラ』は、『ゴジラ』のみならず『鉄腕アトム』を引き継いでいることである。作家の意図がどうであれ、作品としての『鉄腕アトム』が提示していたのは、科学技術が善であり、それは人類に幸福をもたらすという「神話」であった(11)。アトムは科学の子であり、科学大使であった。『シン・ゴジラ』は核にまつわる暗い過去を、日本人が中心となって行われる国際的な協力によって明るい未来へと転化する。それは、ナショナリズムと科学技術信奉によって生み出される新たな「神話」である。

日本的とは何か

被害者意識と自尊心に訴えかけるゴジラ映画という様式は、国民の統一に最も適しているエンタメといえるかもしれない。痛みを快楽へと昇華させるもう一つの要素が、最新兵器をリアリスティックに映し出している自衛隊によるゴジラ駆除作戦のシーンだろう。自衛隊は冷戦終結以降、震災やテロ事件などの際にその存在意義を国民に示し、イメージを向上させることに成功してきた。防衛省は近年広報文化に力を入れているが、『シン・ゴジラ』はそのような戦略と歩を一にしている。ゴジラシリーズを含めた自衛隊協力映画の分析を行ってきた須藤遙子は、「映画は、非常にナチュラルに同一化された共同体としてのネイションをスクリーンに出現させる。そして、自己同一化の過程で大きな役割を果たす集団的アイデンティティとしての国民的アイデンティティとイメージをばらまき、ネイションの構成員として想定する者たちの一体化を促すメディアとして強力に機能することになる」と指摘している(12)。新しいゴジラは、三・一一の記憶、痛みを、核攻撃を受け、敗戦した国の痛みと結びつけることで、戦後日本のマジョリティの精神史を紡ぎだした。まさに国民に待ち望まれていたゴジラであった。

これまでゴジラが日本的な映画だと記してきたが、そもそも日本的とは何か。じつは曖昧模糊としたそれを強化するのがこの映画ではなかったか。「国民とはイメージとして心に描かれた想像の共同体である」と国民を定義したのはベネディクト・アンダーソンだが、ゴジラを通して私たちは、同じ記憶を共有している想像の共同体が現実のものとして創造されていることを、目の当たりにする。その共同体は、最大多数の共有する記憶によって形成される、マジョリティの共同体に他ならない。

冷温停止状態のゴジラは、何を訴えようとしているのだろうか。東京の真ん中で凍結されているゴジラは、私たちが忘れているか見てみぬふりをしているもの——なくなっていない原発、作業員が日々作業にあたっている、汚染水を垂れ流し続けている、収束のつかない原発の存在——を暗示しているかのようである。それは、そのような実態がないかのように日常を送る、原発推進のPRを疑うことなく受容していた三・一一以前と同じ世界に生きている日本人が、虚構の中に生きているというメッセージのようにも受け止められる。エンディングに流れる歴代ゴジラのテーマは、初代ゴジラ以降、戦後日本に次々に登場するゴジラが高度経済成長のなかで社会へのメッセージ性を失っていったことを想起させる。それとともに、次々と建設されていったのが原発であった。海の底へと姿を消さず、都心に留まり続けるゴジラは、そのような、忘れやすい私たちの存在を問うているようでもある。

おわりに――魔法の解き方

堤防の内側は、楽園だ。
津波が防波堤を食いちぎろうとしても、
皆が心ひとつに駆け付け、穴を塞ぐ。
そうだ！　これこそが私の望みであった。
叡智の極みとはこういうことなのだ――

（ゲーテ『ファウスト』「宮殿の広大な庭園」一一五七〇―一一五七四）（1）

ファウストは土を掘るシャベルの音を聞き、自らの干拓事業が成功して豊かな土地となった光景を思い浮かべ、「時よ止まれ、お前は美しい」という言葉を発する。これをもってファウストはメフィストとの賭けに敗北する。しかしファウストは実際には干拓事業を成功させておらず、掘られていたのはファウストの墓穴であった。ファウストは魔法が解けた世界を知らずにこの世を去ったのであった。

二〇一一年三月に起きた福島第一原子力発電所の事故は、日本の科学技術神話の崩壊であった。そのような科学技術の魔法が解けた世界にあって、私たちはいまだに魔法の解き方を知らない。箒に水汲みをやめさせる呪文——自律的に進む科学技術を止める方法——がわからない。

ファウストの末裔である科学者は、この世の探究のため、新しい現象を理解し説明するため、メフィストならぬ国家や企業との契約のため、何度も魔術的世界へと立ち戻ってきた。その一方で、科学技術を偏重する社会において、私たちはその内実についての十分な議論のないまま、魔法として科学技術を受容してきた。魔法をかけてほしい私たちと科学者は共存関係にある。現実のものとなった科学技術は、科学者を疎外し、人間存在をも変容させていった。

社会との関係性や科学者の共同体によって生かされ、研究費獲得や実験装置、共同研究者によって研究成果が左右される科学の世界は、科学者が独り立ちした達人となることを妨げる要因を内包している。科学者は、修行をすればするほど自由を失い、科学研究のしもべとなる。私たちが待ち望んでいる魔法使いはおそらくこの世にいない。私たち一人ひとりが、科学者とともに魔法を解いていく必要がある。

本書は、著者が二〇一三年から二〇一七年にかけて『現代思想』『ユリイカ』に寄稿した論考をもとに編まれた。この間著者は、東京大学大学院総合文化研究科の博士課程を修了し、研究員として立命館大学衣笠総合研究機構、マックス・プランク科学史研究所、コロンビア大学ウェザーヘッド東アジア研究所に所属し、研究活動を行った。また、複数の大学でゼミや講義を担当し、学生に教え始めた。本書はまさに著者自身の、不安定で自由な、研究者としての見習い期間に執筆された。この間とその前後に著者を受け入れ指導してくださった塚原東吾先生、橋本毅彦先生、鈴木晃仁先生、福間良明先生、ダグマ・シェーファー先生、キャロル・グラック先生、松原洋子先生をはじめ、叱咤激励してくださった先生方や研究仲間、柔軟で忌憚のない意見を共有してくれた学生たちのおかげで本書は生まれた。一人ひとりお名前を挙げることが叶わないが、心より感謝している。奥村大介さん、柴田和宏さん、成瀬尚志さん、ヒロ・ヒライさん、茂木謙之介さん、山口まりさんには、本書の草稿の一部に貴重なコメントをいただいた。

核をめぐる科学と文化の歴史研究で博士の学位を取得した著者自身も、広義には科学者、あるいは「魔法使いの弟子」といえるのかもしれない。著者は二〇一八年度に長崎大学原爆後障害医療研究所に職を得て、働いているが、研究の現場では、業績の数を重視する成果主義のなかで、離脱できない行進を続けているように感じることもある。著者自身もまた、科学研究の現場で魔法の解き方を模索している一人なのかもしれない。それでも異なる文化に学びながら自身の研究を進めることができる現在の職場は刺激に満ちており、恵まれた環境であることを自覚している。医学に関する著者の率直な疑問にいつも答えてくださり、著者の自由な研究活動を応援してくださっている林田直美先生には大変感謝している。

本書がこのような形で書籍化されるに至ったのは青土社書籍編集部の足立朋也氏のご尽力による。それぞれの論考を一冊にまとめるうえでの足立氏の手腕は達人的であると感じされられた。『現代思想』編集部の村上瑠梨子氏には早い段階から著者の研究関心を共有していただき、書籍の相談もさせていただいた。『現代思想』編集長の栗原一樹氏、『ユリイカ』編集長の明石陽介氏には折々に執筆の機会を与えていただいた。それらはいずれも私にとって、歴史と現代を往復する思考を促される、貴重な機会であった。また、若い編集者の方々が逞しく成長されていることを折々にご一緒させていただいた機会に垣間見ることができたことには、大いに励まされた。

お世話になった皆様に心よりお礼申し上げたい。

二〇一八年の暮れゆく長崎にて

中尾麻伊香

註

はじめに

（1）この物語詩については、次の文献などで紹介されている。石原あえか『科学する詩人ゲーテ』慶應義塾大学出版会、二〇一〇年。万足卓『魔法使いの弟子——評釈・ゲーテのバラード名作集』三修社、一九八二年。手塚富雄『ドイツ文学案内（岩波文庫別冊）』岩波書店、一九六三年。

（2）日本語訳は以下の文献を参照。ハンス・クリストフ・ビンスヴァンガー（清水健次訳）『金と魔術——『ファウスト』と近代経済』法政大学出版局、一九九二年、一七九頁。

（3）「魔法使いの弟子」は、ローマ時代のギリシアの作家ルキアノスにその起源を持っており、民話として各地で伝承されてきた。フランスの経済学者シモンドゥ・ドゥ・シスモンディ（一七七三—一八四二）はその著書『経済学研究』（一八三七—一八三八）で、魔法使いの弟子を自らが招き寄せた新しい開発物をもはや支配しきれなくなった近代の産業人（その名はガンダラン）として、箒を感覚や感情を持たない機械人間として描いている。ハンス・クリストフ・ビンスヴァンガー、前掲書、一七六—一七九頁。

（4）村上陽一郎『科学者とは何か』新潮社、一九九四年。
（5）アレイスター・クロウリー（島弘之、植松靖夫、江口之隆訳）『魔術――理論と実践 新装版』国書刊行会、一九九七年。

第Ⅰ部　ファウストの末裔

（1）本書で引用している『ファウスト』は、以下の日本語訳を用い、一部改訳している。ゲーテ（柴田翔訳）『ファウスト（上）』講談社、二〇〇三年〈本書の第Ⅰ部端書き〉。ゲーテ（粂川麻里生訳）「ファウスト　第二部　抄」大宮勘一郎編『ゲーテ』集英社、二〇一五年、四二三―七三二頁〈本書の第Ⅱ部端書き、おわりに〉。

第1章　原子力をめぐる錬金術物語

（1）『わが友原子力』については以下の文献を参照。有馬哲夫『ディズニーランドの秘密』新潮社、二〇一一年、『原発・正力・CIA――機密文書で読む昭和裏面史』新潮社、二〇〇八年。
（2）John Canady, *The Nuclear Muse: Literature, Physics, and the First Atomic Bombs*, The University of Wisconsin Press, 2000.
（3）ロバート・A・ジェイコブズ（新田準訳）『ドラゴン・テール――核の安全神話とアメ

リカの大衆文化』凱風社、二〇一三年。スペンサー・R・ワート（山本昭宏訳）『核の恐怖全史——核イメージは現実政治にいかなる影響を与えたか』人文書院、二〇一七年。

（4）その意味で錬金術は、自然哲学および科学の歴史の一部であった。しかしこのような理解は、錬金術師たちのテクストの解釈によって近年定着したもので、錬金術たちは長いこと、魔術や詐欺、オカルトのようなものとして捉えられてきた。錬金術研究の最前線については次の文献を参照。ローレンス・M・プリンチーペ（ヒロ・ヒライ訳）『錬金術の秘密——再現実験と歴史学から解きあかされる「高貴なる技」』勁草書房、二〇一八年。

（5）ローレンス・M・プリンチーペ、前掲書、三五頁。

（6）放射能研究と錬金術との関係については次の文献に詳しい。Mark S. Morrisson, *Modern Alchemy: Occultism and the Emergence of Atomic Theory*, Oxford University Press, 2007.

（7）本章におけるソディの記述は、主に以下の文献を参照している。Muriel Howorth, *Pioneer Research on the Atom: Rutherford and Soddy in a Glorious Chapter of Science; the Life Story of Frederick Soddy, M.A., LL.D., F.R.S., Nobel Laureate*, New World Publications, 1958. Linda Merricks, *The World Made New: Frederick Soddy, Science, Politics, and Environment*, Oxford University Press, 1996. Richard E. Sclove "From Alchemy to Atomic War: Frederick Soddy's "Technology Assessment" of Atomic Energy, 1900-1915," *Science, Technology, & Human Values*, Vol. 14, 1989, pp. 163-194. Charles Coulston Gillispie ed., "Frederick Soddy," *Dictionary of Scientific Biography*, Vol. 7, 1975, pp. 504-509.

（8）ラザフォードとソディの共同研究については次の文献に詳しい。T・J・トレン（島原健三訳）『自壊する原子――ラザフォードとソディの共同研究史』三共出版、一九八二年。「原子（atom）」は、これ以上分割できないことを意味するa-tomosというギリシア語に由来している。原子とはどのような存在なのかは一九世紀末まで謎に包まれていたが、一九世紀末のX線の発見に端を発する原子構造と放射能をめぐる一連の研究によって様変わりする。原子が内部構造を有することがわかり、放射能は原子を構成する要素（陽子・中性子からなる原子核と電子）の反応に伴う現象であることが明らかにされていく。

（9）錬金術では「死んでいる」物質と「生きている」物質という考えが強調され、すべてのものが生きていたとされるカオス的な根源の状態に還元するという考えがある。

（10）Luis A. Campos, *Radium and the Secret of Life*, University of Chicago Press, 2015.

（11）尾内能夫『ラジウム物語――放射線とがん治療』日本出版サービス、一九九八年。中尾麻伊香「「放射性物質の小史」――ラジウム、ウラン、アイソトープ」若尾祐司、木戸衛一編『核開発時代の遺産――未来責任を問う』昭和堂、二〇一七年、六六―七七頁。

（12）Frederick Soddy, *The Interpretation of Radium: Being the Substance of Six Popular Experimental Lectures Delivered at the University of Glasgow, 1908*, John Murray, 1909.

（13）H. G. Wells, *The World Set Free: a Story of Mankind*, Macmillan and Co., 1914. H・G・ウェルズ（浜野輝訳）『解放された世界』岩波書店、一九九七年。

（14）ゲーテの『ファウスト』第二部は経済学の物語として読むことができる。ハンス・クリストフ・ビンスヴァンガー、前掲書。

（15）海野十三「遺言状放送」『海野十三全集　第一巻』三一書房、一九九〇年、八―一六頁。

(『無線通信』一九二七年三月)。

(16) 土井晩翠「苦熱の囈語」『雨の降る日は天気が悪い』大雄閣、一九三四年、一三―一四頁。

(17) S・R・ウィアート、G・W・シラード編(伏見康治、伏見諭訳)『シラードの証言——核開発の回想と資料 1930-1945年』みすず書房、一九八二年。

(18) "The British Association Breaking Down the Atom Transformation of Elements," *The Times*, Sep. 12, 1933, p. 7. この日の講演の概要は『ネイチャー』に掲載されている。A. F. "Atomic Transmutation," *Nature*, Vol. 132, No. 11, 1933, pp. 432-433.

(19) Ernest Rutherford, *The Newer Alchemy: based on the Henry Sidgwick Memorial Lecture delivered at Newnham College, Cambridge, Nov. 1936*, Cambridge University Press, 1937.

(20) 中尾麻伊香『核の誘惑——戦前日本の科学文化と「原子力ユートピア」の出現』勁草書房、二〇一五年。

(21) 立川賢「桑湾けし飛ぶ」『新青年』第二五巻第七号(一九四四年七月号)、五二―六四頁。

(22) ロバート・A・ジェイコブズ、前掲書(註(3))。

(23) ノーマン&ジーン・マッケンジー(松村仙太郎訳)『時の旅人——H・G・ウェルズの生涯』早川書房、一九七八年。

(24) レオ・シラード(朝長梨枝子訳)「私は戦犯として裁かれた」『イルカ放送』みすず書房、一九六三年、一〇三―一二〇頁。

第2章　「科学者の自由な楽園」が国民に開かれる時

（1）例えば二〇一四年七月初めには、理研の網膜再生医療研究開発プロジェクトのリーダーである高橋政代氏や分子生物学会理事長の大隅典子氏による理研への不信感の表明がなされた。STAPの疑義については、日経サイエンスに詳しい。古田彩、詫摩雅子「STAP細胞の正体」『日経サイエンス』第四四巻第八号（二〇一四年）、五四―六一頁。

（2）科学が政治やナショナリズムと無関係ではないことから、本章では「国民」という表記を用いる。ここでいう国民は、国籍を持つ者という意味ではなく、広義の政治共同体の意味で用いている。

（3）千里眼事件については様々な文献がある。高橋宮二『千里眼問題の真相――千里眼受難史』人文書院、一九三三年。光岡明『千里眼千鶴子』文藝春秋、一九八三年。一柳廣孝『〈こっくりさん〉と〈千里眼〉――日本近代と心霊術』講談社、一九九四年。寺沢龍『透視も念写も事実である――福来友吉と千里眼事件』草思社、二〇〇四年。長山靖生『千里眼事件――科学とオカルトの明治日本』平凡社、二〇〇五年。根本順吉「千里眼事件――山川健次郎」『科学朝日』社編『スキャンダルの科学史』朝日新聞社、一九八九年、二五―三七頁。花見朔巳編『男爵山川先生伝――〈伝記〉山川健次郎』大空社、二〇一二年、一七九―二〇〇頁。

（4）花見朔巳編『男爵山川先生伝――〈伝記〉山川健次郎』大空社、二〇一二年、一八九頁。

（5）中村清二「明治四十四年二月二十二日東京帝國大學理科大學に於て福来博士と余との千

里眼に關する會談」『東洋学芸雑誌』第三五六号（一九一一年）、二二八―二三八、二二九頁。
（6）「長尾いく子逝く」『東京朝日新聞』一九一一年二月二八日、五頁。
（7）この講演の内容は、一九一一年五月一日に発刊された『太陽』第一七巻第六号に掲載されている。中村清二「理学者の見たる千里眼問題」『太陽』第一七巻第六号（一九一一年）、七〇―八八頁。
（8）「西洋の千里眼的研究熱」『太陽』第一七巻第六号（一九一一年）、八八頁。
（9）福来友吉『透視と念写』東京宝文館、一九一三年、二―三頁。
（10）井山弘幸、金森修『現代科学論――科学をとらえ直そう』新曜社、二〇〇〇年、一一四頁。
（11）スティーヴン・シェイピン（川田勝訳）『「科学革命」とは何だったのか――新しい歴史観の試み』白水社、一九九八年、一三七頁。
（12）パオロ・ロッシ（前田達郎訳）『魔術から科学へ』みすず書房、一九九九年、三三頁。
（13）キャロリン・マーヴィン（吉見俊哉、伊藤昌亮、水越伸訳）『古いメディアが新しかった時――19世紀末社会と電気テクノロジー』新曜社、二〇〇三年、一二八頁。
（14）「水銀還金実験」については以下の文献に詳しい。板倉聖宣、木村東作、八木江里「長岡の水銀還金実験とその背景」『長岡半太郎伝』第四章、朝日新聞社、一九七三年、四七三―五〇八頁。
（15）大河内の理研改革については、以下の文献がある。宮田親平『「科学者の楽園」をつくった男――大河内正敏と理化学研究所』日本経済新聞社、二〇〇一年。齋藤憲『大河内正敏――科学・技術に生涯をかけた男（評伝・日本の経済思想）』日本経済評論社、二〇〇九年。

(16) 朝永振一郎著、江沢洋編『科学者の自由な楽園』岩波書店、二〇〇〇年。

(17) 大河内正敏「長岡博士の還金術は産業界に何う影響するか」『大阪毎日新聞』一九二四年一二月九日、九頁。

(18) 仁科のこの頃の露骨な宣伝活動は、研究室に不穏な空気をもたらすほどであった。朝永振一郎、前掲書（註(16)）、二三一頁。

(19) ラジウムは当時、癌などへの高い治療効果と、その希少性で知られていた。サイクロトロンはラジウムを人工的に作り出せる装置として期待を集めた。

(20) 「紀元二千六百年記念　理研講演会」『理研彙報』第一九巻第一二号（一九四〇年）、一五二七―一五二八頁。

(21) 例えば仁科は一九三六年一〇月二六日に「人工ラヂウムとはどんなものか」というタイトルで、ラジオ講演を行っている。ここでの説明などから、仁科は人々へのわかり易さを鑑みて、ラジウムに似た性質の元素という意味で「人工ラヂウム」という言葉を用いていたと考えられる。

(22) 財団法人理化学研究所は戦後解体され、株式会社、特殊法人、独立行政法人へと変遷している。

(23) 「小保方さんが「魔術」使うことを危惧？　ＳＴＡＰ検証実験に「監視カメラ」３台」弁護士ドットコム、二〇一四年七月二日。http://www.bengo4.com/topics/1727/

第3章　疎外されゆく物理学者たち

（1）唐木順三『「科学者の社会的責任」についての覚え書』筑摩書房、二〇一二年。

（2）日野川静枝『サイクロトロンから原爆へ——核時代の起源を探る』績文堂出版、二〇〇九年。

（3）中尾麻伊香「「科学者の自由な楽園」が国民に開かれる時——STAP／千里眼／錬金術をめぐる科学と魔術のシンフォニー」『現代思想』二〇一四年八月号、一四六—一五九頁。本書第2章

（4）中尾麻伊香『核の誘惑——戦前日本の科学文化と「原子力ユートピア」の出現』勁草書房、二〇一五年。

（5）仁科芳雄から玉木英彦への八月七日付けの手紙、理化学研究所記念史料室所蔵。

（6）仁科浩二郎「原子力と父の思い出」『日本原子力学会誌』第三二巻第一二号（一九九〇年）、一一七—一二〇頁。山崎正勝『日本の核開発 1939–1955 ——原爆から原子力へ』績文堂出版、二〇一一年、七〇—七一頁。

（7）サイクロトロンの破壊の経緯については次の文献に詳しい。小沼通二、高田容士夫「日本の原子核研究についての第二次世界大戦後の占領軍政策」『科学史研究』第三一巻（一九九二年）、一三八—一四五頁。山崎正勝「GHQ史料から見たサイクロトロン破壊」『科学史研究』第三四巻（一九九五年）、二四—二六頁。中山茂「サイクロトロンの破壊」中山茂、後藤邦夫、吉岡斉編『通史　日本の科学技術　第1巻』学陽書房、一九九五年、七七—八四

頁。

（8）吉岡斉『新版　原子力の社会史――その日本的展開』朝日新聞出版、二〇一一年、五九頁。

（9）玉木英彦「科学研究所と仁科先生」朝永振一郎、玉木英彦『仁科芳雄――傳記と回想』みすず書房、一九五二年、七七―九八頁。

（10）仁科は一九四六年一一月に理研の所長となり、一九四八年二月に財閥解体によって理研が解散させられると、株式会社として再生した科学研究所の初代社長となった。また、一九四八年に設立された日本学術会議の設立にも大きな役割を担った。

（11）仁科芳雄『原子力と私』学風書院、一九五〇年。

（12）仁科は、一九五一年一月に肝臓癌で六〇歳の生涯を閉じた。その年、サイクロトロンの発明者であるローレンスが来日して、サイクロトロンの再建計画が動きだす。

（13）吉岡斉は、「彼らが念願していたのは、何としても自分たちの手で、日本の原子力研究の突破口を開きたいという、いわばイニシエーター（創始者）としての名誉であった」「三原則は賢者たちの良心的思想というよりもむしろ、物理学者のなかの積極推進論者と批判論者の共通の利害関心のうえに形成されたものであった」と指摘する。吉岡斉、前掲書（註（8））、二〇一一年、七三、八〇頁。

（14）湯川秀樹「原子力問題と科学の本質」『湯川秀樹著作集5』岩波書店、一九八九年、五三―五五頁。

（15）廣田鋼藏「宇治原子炉設置論争――世界最初の原子炉住民騒動参加記録」『科学史研究』

第三五巻（一九九六年）、三四―四二頁。

(16) 廣重徹『戦後日本の科学運動』こぶし書房、二〇一二年、二六九頁。

(17) 湯川秀樹「科学者の責任――パグウォッシュ会議の感想」『湯川秀樹著作集5』岩波書店、一九八九年、一五三―一五七頁。

(18) 廣重徹、前掲書、二二八―二二九頁。

(19) 岡本拓司『科学と社会――戦前期日本における国家・学問・戦争の諸相』サイエンス社、二〇一四年、一九四頁。

(20) 湯川秀樹『創造的人間』筑摩書房、一九六六年、一八〇、一八二頁。

(21) 湯川秀樹「核時代の次に来たるべきもの」『世界』一九六八年一月号、一四―一八頁。機械による人間疎外への懸念は、無論湯川に特有のものではなく、産業革命時のラッダイト運動や、E・M・フォースターの「機械は止まる」、チャップリンの『モダン・タイムズ』（一九三六）など、数多の人々が表明してきた。同時代には、一九六八年にロベルト・ユンクが『巨大機械』という著書で巨大加速器の問題を論じている。高エネルギー物理学研究所で一九七〇年代後半に加速器実験に従事していた内藤酬は、巨大科学としての高エネルギー物理学のあり方に疑問を感じ、高エネルギー物理の世界を離れ、国際政治の研究へと進んだ。

(22) 田島英三『ある原子物理学者の生涯』新人物往来社、一九九五年。

(23) ここでの記述は田島の回顧録に依拠しており、記憶に頼っているという点で、歴史記述としては不正確な部分があるかもしれない。しかし、原子力に関わった物理学者がどのように感じていたかが重要であるという観点から、ここでは田島の記述をもとに紹介する。

(24) 一九五八年から五九年まで原子炉安全審査会の委員を務めていた坂田昌一も、審査機構が不健全であるという問題を指摘し、五九年に辞任している。
(25) 田島は原子力委員を辞任した一九七四年に起こった原子力船むつの燃料もれ事故に際し、むつに乗り込み調査を行うという目立った活躍をし、また原子力行政の世界に戻っていくことになる。
(26) 設立発起人代表は有澤広巳であった。田島によれば、彼らの構想と変わっていたのは、自分たちが考えた民間主導型に対し、政府主導型となっていたことであった。
(27) 本書第1章で記しているように、それが物理学的な事実となる前に、すでに原子爆弾は人々の頭のなかに存在していた。原子爆弾という言葉と概念を創造したのは、SF作家のH・G・ウェルズである。日本でも戦時中には原爆を完成させて起死回生を図ろうという原爆待望論が巻き起こった。物理学者たちはこのような期待に乗じて、研究のプレゼンテーションを行ってきた。
(28) 「第五議題――科学者の社会的責任」『朝日ジャーナル』一九八二年六月一〇日号(増刊号 国際シンポジウム 科学と人間)、一二〇―一四五、一三〇頁。
(29) イバン・イリイチ(高島和哉訳)『生きる意味――「システム」「責任」「生命」への批判』藤原書店、二〇〇五年。

第II部　メフィストの誘惑

第4章　ノイマン博士の異常な愛情

（1）Lewes Mumford, Letter, “‘Strangelove” Reactions’, *New York Times*, March 1. 1964, p. 8.
（2）ジョージ・ダイソン（吉田三知世訳）『チューリングの大聖堂――コンピュータの創造とデジタル世界の到来』早川書房、二〇一三年。
（3）ストレンジラヴ博士は、ドイツから帰化した科学者であるとされている。マンハッタン計画には、亡命科学者が多く参加していた。
（4）Roslynn D. Haynes, *From Faust to Strangelove: Representations of the Scientist in Western Literature*, Johns Hopkins University Press, 1994.
（5）溝井裕一『ファウスト伝説――悪魔と魔法の西洋文化史』文理閣、二〇〇九年、六一頁。
（6）溝井裕一、前掲書、八七頁。
（7）長谷川つとむ『魔術師ファウストの転生』東京書籍、一九八三年、五八頁。
（8）パオロ・ロッシ（前田達郎訳）『魔術から科学へ――近代思想の成立と科学的認識の形成』みすず書房、一九九九年。
（9）Haynes, *op. cit.* (n. 4). 井山弘幸『鏡のなかのアインシュタイン――つくられる科学のイメージ』化学同人、一九九八年。ニュートンの時代には、科学者という言葉はまだ生み出されていなかったが、その原型をニュートンに見ることができる。

(10) デイヴィッド・J・スカル(松浦俊輔訳)『マッド・サイエンティストの夢——理性のきしみ』青土社、二〇〇〇年、一二八—一二九頁。

(11) 自分の意思と無関係に手が動く現象は、のちに精神医学でエイリアンハンドシンドローム(他人の手症候群)と名付けられた。脳梁の損傷によるものだとされる。

(12) 量子力学の年会で公演されたこの劇の名称は、ニールス・ボーア研究所があった通りの名であるブリーダムスヴィー(Blegdamsvej)に因んでいる。この時コペンハーゲンは量子力学のメッカであり、ジョージ・ガモフが「すべての理論学者の道はコペンハーゲンに通じる」と述べたほどであった。この劇については、以下の文献で紹介されている。ジョージ・ガモフ(中村誠太郎訳)『現代の物理学——量子論物語』河出書房新社、一九八〇年。John Canady "The Sense of Option in Knowledge: The Blegdamsvej Faust and Quantum Mechanics," *Social Text*, No. 59, 1999, pp. 67–95, 88. Gino Segrè, *Faust in Copenhagen: A Struggle for the Soul of Physics*, Penguin Books, 2008.

(13) 数学者ノイマンも量子力学と無関係ではない。この年、量子力学の数学的解釈についての研究をまとめた『量子力学の数学的基礎』を刊行している。J. Von Neumann, *Die Mathematische Grundlagen der Quantenmechanik*, Springer-Verlag, Berlin, 1932.

(14) Canady, *op. cit.* (n. 12), pp. 87–88.

(15) ジョージ・ダイソン、前掲書(註(2))、一四五頁。

(16) マンハッタン計画では「コンピューター」と呼ばれる女性労働者が計算に従事していた

が、「コンピューター」とはそもそも計算を意味するもので、機械の名前ではなかった。

(17) ハーマン・H・ゴールドスタイン（末包良太、米口肇、犬伏茂之訳）「ENIACで行われた最初の計算」『計算機の歴史――パスカルからノイマンまで』共立出版、一九七九年、二五八―二六九頁。

(18) レスリー・R・グローブス（冨永謙吾、実松譲訳）『原爆はこうしてつくられた』恒文社、一九八二年、二二八頁。

(19) 市川浩、山崎正勝編『〝戦争と科学〟の諸相――原爆と科学者をめぐる2つのシンポジウムの記録』丸善出版、二〇〇六年、一五六頁。

(20) 佐々木力『二十世紀数学思想』みすず書房、二〇〇一年、二七六頁。

(21) リチャード・ファインマン（大貫昌子訳）『ご冗談でしょう、ファインマンさん（上）』岩波書店、二〇〇〇年、二二六頁。

(22) 佐々木力『科学論入門』岩波書店、一九九六年、一〇五―一〇八頁。

(23) 佐々木力、前掲書（註(20)）、二八〇頁。

(24) ルイス・マンフォード（生田勉、木原武一訳）『権力のペンタゴン』河出書房新社、一九七三年、二五五頁。

(25) ウィリアム・アスプレイ（杉山滋郎、吉田晴代訳）『ノイマンとコンピュータの起源』産業図書、一九九五年、二一頁。

(26) ジョージ・ダイソン、前掲書（註(2)）、一四九頁。

(27) ジョージ・ダイソン、前掲書（註(2)）、一五三頁。

（28）佐々木力、前掲書（註（20））、二二九―二三一頁。

（29）ウィリアム・パウンドストーン（松浦俊輔他訳）『囚人のジレンマ――フォン・ノイマンとゲームの理論』青土社、一九九五年、一八六頁。

（30）ウィリアム・パウンドストーン、前掲書、一八五頁。

（31）ノイマンは一九四四年に経済学者のオスカー・モルゲンシュテルンとの共著で『ゲーム理論と経済行動』を出版していたが、彼らの本は戦後ベストセラーとなった。

（32）ウィリアム・パウンドストーン、前掲書（註（29））、二一八頁。

（33）John G. Kemeny, "Man Viewed as a Machine," *Scientific American*, vol. 192, 1955, pp. 58–67.

（34）John von Neumann, *The Computer and the Brain*, Yale University Press, 1958.

（35）西垣通『デジタル・ナルシス――情報科学パイオニアたちの欲望』岩波書店、二〇〇八年、一九頁。

（36）Haynes, *op. cit.* (n. 4), p. 314.

（37）スティーブ・J・ハイムズ（高井信勝監訳）『フォン・ノイマンとウィーナー――2人の天才の生涯』工学社、一九八五年、三八五頁。

（38）ノーマン・マクレイ（渡辺正、芦田みどり訳）『フォン・ノイマンの生涯』朝日新聞社、一九九八年、三七二頁。

（39）Clay Blair Jr. 'Passing of a Great Mind; John Von Neumann, a Brilliant, Jovial Mathematician, was a Prodigious Servant of Science and His Country' *Life*, February 25,

1957, pp. 89–104.

第5章　恐竜と怪獣と人類のあいだ

（1）現代における恐竜映画の代表的作品、スピルバーグ監督の『ジュラシック・パーク』（一九九三）『ロスト・ワールド』（一九九七）『ジュラシック・ワールド』（二〇一五）は、バイオテクノロジーによって恐竜を現代に蘇らせるもので、これらもまた、人間が生みだすものの人間に制御しきれない存在として恐竜を描いている。

（2）二〇〇〇年、第三五回国際地質学会で人新世（アントロポセン Anthropocene）という新しい地質年代がパウル・クルッツェンによって提唱された。これは度重なる核実験やプラスチックなどによる環境汚染によって人類が地球規模での変化を与えており、生態系を本質的に変容させていることから提唱されたもので、人類が大量絶滅期に入っているという警告を含む。

第6章　ゴジラが想像／創造する共同体

（1）中沢新一は、「ゴジラ理念は、二重三重に折り畳まれた、複雑な思考を内包している。戦後の日本人が創造したイメージの中で、このゴジラの抱える深さや複雑さに匹敵するものを、見いだすのは難しい」と論じている。中沢新一「GODZILLA 対ゴジラ」『新潮』一九九八年九月号、二二〇―二四二頁。萩原能久は、「ゴジラとはその時代、時代の日本人のアイデンティティと世界に対する意識が表象する場所である」と指摘している。萩原能久「ゴジラ――日本的な、あまりに日本的な」『ゴジラとアトム――原子力は「光の国」の夢を見たか』慶應義塾大学アート・センター、二〇一二年。

（2）小林傳司「もっと前から学んでおくべきだったこと――3・11福島原発事故の後で」島薗進、後藤弘子、杉田敦編『科学不信の時代を問う――福島原発災害後の科学と社会』合同出版、二〇一六年。

（3）松本三和夫『構造災――科学技術社会に潜む危機』岩波書店、二〇一二年。

（4）この基準で一九五四年一一月までに四五〇トン以上の魚類が廃棄された。

（5）このとき社会的に注目を集めたのがストロンチウム90で、映画ではゴジラがいた証拠とされている。また、「死の灰」にウラン237が含まれていたことから、この爆弾が核分裂・核融合・核分裂からなる3F爆弾と呼ばれる「汚い爆弾」であることが判明した。

（6）高橋博子『〈新訂増補版〉封印されたヒロシマ・ナガサキ――米核実験と民間防衛計画』凱風社、二〇一二年。

（7）調査は被爆者の治療に活かされることなく、「モルモットにされた」という被爆者たちの感情を呼び起こした。『シン・ゴジラ』には、ゴジラの体組織のサンプルはほとんどアメリカが持っていってしまったという場面がでてくるが、データを米国が独占した被爆者調査を想起させる。

（8）川本三郎「ゴジラはなぜ「暗い」のか」『新劇』一九八三年一〇月号、二五―二八頁。

（9）被爆時二歳であった佐々木禎子さんは、『ゴジラ』の公開とほぼ同時期に白血病を発症した。病からの回復を願い、折り鶴を折りはじめたが、願いは叶わず翌年に一二歳で亡くなる。広島平和記念公園の原爆の子のモデルとなった禎子さんは、折り鶴に平和の象徴としての意味を付与するきっかけともなった。ゴジラの生物学的特徴を説くヒントが折り紙に隠されているように、『シン・ゴジラ』では折り紙が一つのモチーフとなっている。牧博士は船内に、封筒とともに折り鶴を残していた。

（10）日本の科学とナショナリズムの結びつきについては、ヒロミ・ミズノらの研究に詳しい。Hiromi Mizuno, *Science for the Empire: Scientific Nationalism in Modern Japan*, Stanford University Press, 2009.

（11）伊藤憲二「鉄腕アトムとゴジラ」『科学』二〇〇五年九月号、一〇五五―一〇六一頁。

（12）須藤遙子『自衛隊協力映画――『今日もわれ大空にあり』から『名探偵コナン』まで』大月書店、二〇一三年。

おわりに

（1）ゲーテ（粂川麻里生訳）「ファウスト　第二部　抄」大宮勘一郎編『ゲーテ』集英社、二〇一五年、四二三―七三二、六九〇―六九一頁。

〈初出〉
第 1 章　書き下ろし
第 2 章　『現代思想』2014 年 8 月号
第 3 章　『現代思想』2016 年 6 月号
第 4 章　『現代思想』2013 年 8 月臨時増刊号
第 5 章　『現代思想』2017 年 8 月臨時増刊号
第 6 章　『ユリイカ』2016 年 12 月臨時増刊号

書籍化にあたり、大幅な加筆修正を施しました。

中尾麻伊香（なかお・まいか）

1982年ドイツキール生まれ。東京大学大学院総合文化研究科博士課程修了。専門は科学史・科学文化論。立命館大学衣笠総合研究機構専門研究員、マックス・プランク科学史研究所ポストドクトラルフェロー、コロンビア大学客員研究員を経て、現在、長崎大学原爆後障害医療研究所助教。単著に『核の誘惑――戦前日本の科学文化と「原子力ユートピア」の出現』（勁草書房、2015年）がある。戦時中の核研究の遺品を追ったドキュメンタリー映画「よみがえる京大サイクロトロン」を制作するなど、多彩な研究活動を展開している。

科学者《かがくしゃ》と魔法使《まほうつか》いの弟子《でし》　科学《かがく》と非科学《ひかがく》の境界《きょうかい》

2019年2月1日　第1刷印刷
2019年2月8日　第1刷発行

著　者　中尾麻伊香《なかおまいか》

発行者　清水一人
発行所　青土社
〒101-0051　東京都千代田区神田神保町1-29　市瀬ビル
電話　03-3291-9831（編集部）　03-3294-7829（営業部）
振替　00190-7-192955

印　刷　双文社印刷
製　本　双文社印刷

装　幀　大倉真一郎

ISBN978-4-7917-7134-9
Printed in Japan